Bernd Pesch
Basiswissen Messunsicherheit

Für Einsteiger und Anwender

BERND PESCH
GRUNDLAGEN DER METROLOGIE

MESSUNSICHERHEIT

BASISWISSEN FÜR EINSTEIGER UND ANWENDER

Messunsicherheitseinflüsse
Messunsicherheitsanalyse und -budgets
Verteilungen, Sensitivitätskoeffizienten und Gewichtungsfaktoren
Korrelation, Ergebnisse darstellen, Optimierungspotentiale
Beispiele, ausführliches Glossar

Für meine Kinder

Impressum:

Die im Buch genannten Markennamen, Gebrauchsnamen und Handelsnamen sind in der Regel geschützte Bezeichnungen. Die freie Verwendung dieser Namen ist daher immer von der Zustimmung des Rechteinhabers abhängig.

Dieses Buch ist urheberrechtlich geschützt. Die dadurch begründeten Rechte, insbesondere die des Nachdrucks, der Entnahme von Abbildungen und Grafiken, der Wiedergabe auf fotomechanischem oder ähnlichen Wegen und der Speicherung und Verteilung auf Datenverarbeitungsanlagen bedürfen – auch bei auszugsweiser Verwendung - der schriftlichen Zustimmung des Autors. Alle Angaben in diesem Buch sind unverbindlich und nach besten Wissen und Gewissen dargestellt worden. Aus den Darstellungen lassen sich keine rechtlichen Ansprüche ableiten.

Herstellung und Verlag: Books On Demand GmbH, Norderstedt

1. Auflage: Zülpich, Deutschland, 2010

ISBN: **978-3-8391-9026-5**

CIP/VLB-Einheitsaufnahme: Der Titeldatensatz ist bei der deutschen Bibliothek erhältlich.

Kontaktadresse des Autors: BerndPesch@Messunsicherheit.com

Inhalt

1 Einführung --- 7
- 1.1 Vorwort zur Version „Basiswissen" --- 7
- 1.2 Die Bedeutung der Ermittlung von Messunsicherheiten bei der Kalibrierung --- 8
- 1.3 Wechsel der Paradigmen --- 10

2 Messunsicherheitseinflüsse --- 13
- 2.1 Was macht Messungen unsicher? --- 13

3 Werkzeuge der Messunsicherheitsanalyse --- 15
- 3.1 Notation und Formelzeichen --- 15
- 3.2 Vorgehensweise --- 16
    - 3.2.1 Auswahl des Verfahrens --- 16
    - 3.2.2 Messunsicherheitsanalyse --- 17
- 3.3 Modell der idealen Messung (die Prozessgleichung) --- 18
- 3.4 Entwicklung der Modellgleichung --- 19
    - 3.4.1 Das „Fehler"fortpflanzungsgesetz nach Gauß --- 20
- 3.5 Verteilungen und Gewichtungsfaktoren --- 24
    - 3.5.2 Rechteckverteilung --- 25
    - 3.5.3 Dreieckverteilung --- 27
    - 3.5.4 Trapez-Verteilung --- 28
    - 3.5.5 U-Verteilung (Arcussinus-Verteilung) --- 30
    - 3.5.6 Normalverteilung --- 32
    - 3.5.7 Studentverteilung --- 33
    - 3.5.8 Beispiele zur Auswahl von Verteilungen --- 36
- 3.6 Sensitivitätskoeffizienten --- 38
- 3.7 Korrelation zwischen einzelnen Einflussgrößen --- 40
    - 3.7.1 Kovarianz --- 41
    - 3.7.2 Betrachtung zweier abhängiger Einflussgrößen --- 44
    - 3.7.3 Transfer auf mehrere korrelierte Einflussgrößen --- 46
    - 3.7.4 Abschätzen der Korrelation --- 47
- 3.8 Der Freiheitsgrad einer Größe --- 48
- 3.9 Aufbereitung der Kenntnisse für die Berechnung der kombinierten Messunsicherheit --- 51
- 3.10 Aufstellen des numerischen Budgets --- 52
- 3.11 Nutzung von Teilbudgets --- 54

4	**BEISPIELBUDGETS**	55
4.1	DAS ERSTE BUDGET: DER BODY MASS INDEX	55
4.2	REIHENSCHALTUNG VON WIDERSTÄNDEN	60
4.3	STROMMESSUNG, MESSMITTEL GEGEN MESSMITTEL	64
4.4	DREHMOMENTMESSSYSTEM	68
	4.4.1 Erste Abschätzungen der Messunsicherheit	68
	4.4.2 Verfeinerung des Modells durch Einbringung weiterer Kenntnisse	72
4.5	LÄNGENMESSUNG MITTELS ZOLLSTOCK	78

5	**ERGEBNISSE DARSTELLEN UND DOKUMENTIEREN**	81
5.1	ANFORDERUNGEN UND BEISPIELE FÜR KALIBRIERSCHEINE	81
5.2	DARSTELLUNG VON ERGEBNISSEN	82
	5.2.1 Das vollständige Messergebnis	82
	5.2.2 Auswahl und Angabe des Erweiterungsfaktors	83
5.3	INTERPRETATION VON SPEZIFIKATIONEN UND MESSERGEBNISSEN	85
5.4	DARSTELLUNG DER MESSMÖGLICHKEITEN	87

6	**OPTIMIERUNGSPOTENTIALE ERKENNEN**	89
6.1	VERFEINERN BESTEHENDER BUDGETS	89
6.2	ÄNDERUNG DES MESSVERFAHRENS	90
	6.2.1 Einbringen zusätzlicher Kenntnisse	92
	6.2.2 Betrachtung der bisher eingebrachten Messunsicherheitseinflüsse	93
	6.2.3 Analyse des Funktionsdiagramm	93
6.3	KENNTNISSE ÜBER AUSSTATTUNG UND METHODEN	94
	6.3.1 Einbringen der Kenntnisse über die Messausstattung	94
	6.3.2 Historie über Bezugsnormale und Geräte	94
6.4	ANALYSE DES MESSUNSICHERHEITSBUDGETS	95

7	**KONFORMITÄTSAUSSAGEN UND BEREICHSKALIBRIERUNGEN**	98
7.1	KONFORMITÄT	99
7.2	MESSUNSICHERHEITSBETRACHTUNGEN FÜR BEREICHE	104
	7.2.1 Anzahl der Messpunkte im Bereich festlegen	105

8	**MESSUNSICHERHEITSANALYSE BEI BESONDEREN MESSTECHNISCHEN AUFGABEN**	107
8.1	VERGLEICHBARKEIT VON MESSERGEBNISSEN VERSCHIEDENE KALIBRIERUNGEN UNTEREINANDER	107
	8.1.1 E_N – Normalized Error Ratio	108
	8.1.2 Direkter Vergleich	109
8.2	RINGVERGLEICHE	109

9	**DEFINITIONEN UND GLOSSAR**	**113**
10	**INHALTE, QUERVERWEISE UND BEZÜGE**	**124**
10.1	INDEX	124

1 Einführung

1.1 Vorwort zur Version „Basiswissen"

Im Jahre 2003 haben wir die dreijährige Arbeit an der Erstausgabe *Bestimmung der Messunsicherheit nach GUM* abschließen können und dies Buch auf den Markt gebracht. Die Resonanz war derart groß und verschiedene Anregungen konnten wir aus der praktischen Arbeit, aus Fachausschusstätigkeiten und aus der Rückmeldung bei verschiedenen Seminaren sammeln. So folgte 2010 nach einer weiteren redaktionellen Phase von etwa zwei Jahren die überarbeitete, zweite Auflage.

Im Rahmen der Seminare haben wir bereits Buchauszüge aus dieser Kurzversion benutzt, in welcher der theoretische Anteil auf das Wesentliche reduziert wurde. Hier verzichten wir bewusst auf komplexe Herleitungen, mehrdimensionale Betrachtungen, verschiedene Beispiele und die Beschreibung der Monte Carlo Simulation. Dennoch decken wir nach unserer Meinung gut 95 Prozent aller Messaufgaben mit dem vorliegenden Material ab. Wo das klassische Modell nicht ausreichend ist, zeigen wir explizit die möglichen Alternativen auf.

Mit diesem Buch wollen wir insbesondere Berufsanfänger, Studenten und Techniker an der Werkbank ansprechen, die sich „urplötzlich" mit der Frage konfrontiert sehen: „Wie genau messe ich eigentlich?"

Etwa seit Mitte der 90 Jahre und spätestens seit der Publikation des *Guide To The Expression Of Uncertainty In Measurements"* – oder kurz *GUM* wurde das international abgestimmte Bestreben deutlich, die *Genauigkeit* von Messungen auf der Basis allgemein anerkannter Verfahren zu bestimmen und somit auch Ergebnisse vergleichbar zu machen.

Seitdem hat sich das Verfahren weiterentwickelt, obwohl der Kern unverändert blieb. Die Entwicklungen sind aber zumeist ergänzender und formaler Natur. Wer jedoch genauer hinschaut, wird feststellen, dass man lediglich gelernt hat, das vorhandene Wissen über die eigene Messung besser zu Strukturieren und konsequenter zu nutzen, was sich wiederum direkt monetär auswirkt.

Ich darf nochmals Dank all jenen aussprechen, die geholfen haben, die Inhalte der ersten Ausgabe zu optimieren und konstruktive Beiträge beisteuerten.

Zülpich im September 2010.

1 Einführung

1.2 Die Bedeutung der Ermittlung von Messunsicherheiten bei der Kalibrierung

Stellen sie sich die globalisierte Produktion des neuen Airbus A380 vor. An diesem Projekt sind viele Firmen in verschiedenen Ländern beteiligt. Wie stellen sie nun sicher, dass alle Zulieferer Komponenten liefern, die zum Rumpf passen? Wie vermeidet man, dass die beiden Tragflächen nicht symmetrisch zueinander sind? Derartige Probleme bleiben nicht auf Großprojekte beschränkt, sondern beginnen im Kleinen. Schon bei der Frage, ob die in Italien gefertigten Gewindebolzen mit den Muttern aus Großbritannien verschraubt werden können, ist die Maßhaltigkeit der Komponenten bedeutend.

Am einfachsten wäre es nun, wenn man sich keine weiteren Gedanken über derartige Fragen machen müsste. Damit dies jedoch umgesetzt werden kann, ist es notwendig, dass sich alle Vertragspartner auf eine gemeinsame messtechnische Basis beziehen. Ein internationales Messwesen mit gemeinsam definierten Spezifikationen und Messunsicherheiten wäre eine solche Basis. Im Rahmen dieser Vereinbarungen könnte man festlegen, welche Messmittel eingesetzt werden, wie diese auf nationale Normale zurückzuführen sind und welche Maßnahmen im Rahmen des Qualitätsmanagements zu ergreifen sind.

Dies bildet dann die Basis der gegenseitigen Anerkennung von Messergebnissen. Hierzu werden internationale Abkommen geschlossen. Insbesondere auf der europäischen Ebene ist man damit recht weit fortgeschritten. International hapert es gelegentlich noch etwas mit der formalen gegenseitigen Anerkennung. Auf deutscher Seite können sie ihre Messgeräte über ein im DKD organisiertes Labor kalibrieren lassen und stellen somit sicher, dass die notwendigen Anforderungen erfüllt werden. Bei besonders hohen Anforderungen – welche nicht über die DKD-Labore bedient werden können - stehen ihnen auch die nationalen Institute, wie die PTB, direkt als Ansprechpartner zur Verfügung.

Zudem sichern internationale Abkommen die gegenseitige Anerkennung der Kalibrierergebnisse. Und sie können auch über akkreditierte Labore in anderen Ländern, welche die EA oder ILAC-Vereinbarungen unterschrieben haben und Akkreditierungssysteme im EURAMET haben, ihre Messgrößen zurückführen. Natürlich können sie auch eigene Messmöglichkeiten nutzen, wenn diese zuverlässig sind; was sie dann am besten im Rahmen einer DKD Akkreditierung wiederum nachweisen.

Ein Kalibrierlabor ordnet jedem Messwert eine *Vertrauensgröße* zu. Hierzu wird die Angabe der *erweiterten Messunsicherheit* verwendet. Alle Ergebnisse und deren Messunsicherheiten werden in einem Kalibrierschein festgehalten, in welchem auch die Rahmenbedingungen der Messung in knapper Form erläutert werden.

(a) Die gesamtwirtschaftliche Relevanz von Messabweichungen

Die Notwendigkeit, Messergebnisse so genau wie möglich zu erzielen, wird wohl jedem Messtechniker geläufig sein. Mit welchen wirtschaftlichen Dimensionen wir dabei umgehen, bleibt jedoch häufig im Verborgenen. Am deutlichsten würden wir es persönlich merken, wenn wir unsere monatliche Abrechnung für Energie (Gas und Strom) betrachten, oder wenn wir die Heizöltanks füllen. Da kommen bei einer Verkehrsfehlergrenze von 1,0% für die Messwerke der Tankfahrzeuge bei einer Tankfüllung von 6 000 l durchaus mal 60 Euro mehr oder weniger heraus. Volkswirtschaftlich addieren sich die Summen. So müssen Zapfsäulen an Tankstellen nach der Eichordnung, Anlage 5, Nr.3 mit einer Eichfehlergrenze von

EINFÜHRUNG

±0,5% (gemäß §33 Absatz 4, Eichgesetz) geeicht werden. Die Verkehrsfehlergrenze liegt gemäß §12 EO dann bei ±1,0%.

Abbildung 1.2-1: Zapfsäule in Bingham, New Mexico. Diese Säule wird sicher nicht mehr zur Preisfestsetzung genutzt.

Es wäre eine böse Unterstellung, anzunehmen, dass Tankstellenpächter ihre Zapfanlagen zu Ungunsten der Kunden abgleichen lassen wollten. So gehen wir einfach einmal von einem Jahresverbrauch an Kraftstoffen in der Bundesrepublik Deutschland von $75 \cdot 10^9$ l bei einem Durchschnittspreis von 1,30 Euro je Liter aus. So ergibt sich eine mögliche maximale Abweichung über die Verkehrsfehlergrenze von immerhin einer Milliarde Euro. Zum Glück liegt aber die Erfassung statistisch verteilter Größen zu Grunde, so dass der Schaden für den Kraftfahrer deutlich geringer ausfallen wird. Theoretisch würde er sogar an einer Zapfsäule das mehr tanken, was er zuvor an einer anderen Zapfsäule zu wenig getankt hat und im langfristigen Mittel keinen Nachteil erleiden.

...zumindest statistisch gesehen.
...oder theoretisch...

(b) RELEVANZ DER MESSUNSICHERHEIT IN DER PRODUKTION

Wenn auch die gesamtwirtschaftliche Relevanz der Messunsicherheit eine fiktive und schwer schätzbare Größe ist, und wir noch nicht die einzelne Messung im Rahmen einer Kalibrierung im Fokus haben, bleibt die Relevanz für die Produktion als wirtschaftlicher Kernpunkt zu betrachten.

Messergebnisse und die zugeordnete Messunsicherheit bilden die Basis für Konformitätsprüfungen und hierauf basierend für die Go-/NoGo-Entscheidungen in der Produktion.

Wirtschaftliches Ziel muss es sein, die Risiken der Fehlentscheidungen zu minimieren. Hierbei hilft es, Messunsicherheiten so weit wie möglich zu reduzieren.

Der Messwert ist immer ein Schätzwert. Die Schätzung erfolgt auf der Basis technischer Verfahren mehr oder minder genau. Dieses *„mehr oder minder"* wird durch die Zuordnung der Messunsicherheit numerisch beschrieben. Dem Messwert wird also ein Vertrauensbereich zugeordnet, indem der richtige Wert mit einer vorgegebenen Wahrscheinlichkeit – von in der Regel 95% - erwartet wird. Je kleiner dieses 95%-Intervall ist, desto näher kann man sich an Spezifikationsgrenzen hin tasten. Betrachten wir zunächst den Begriff des Risikos in der Definition nach dem ISO-Guide 73:2002:

<u>Risiko</u> *ist die Kombination aus Wahrscheinlichkeit und Auswirkung eines Ereignisses.*

Definition 1.2-1: Risiko

Für uns ist hierbei die Frage entscheidend, wer welches Risiko trägt. Hierzu gibt es folgende Fälle:

- Ein Objekt weist spezifikationskonforme Merkmale auf und wird akzeptiert:

    → Richtige Entscheidung

- Ein Objekt weist spezifikationskonforme Merkmale auf, wird aber abgelehnt:

    Dieser Fall kann auftreten, wenn wir uns zwar noch innerhalb der Spezifikationsgrenzen bewegen, aber näher an den Grenzen sind, als die Messunsicherheit breit ist. Hier hat der Hersteller eine falsche Entscheidung zu seinen Ungunsten getroffen. Durch eine kleinere Messunsicherheit bei der Bewertung der Konformität wäre dieses Risiko minimierbar.

    → Fehler 1. Art (Lieferantenrisiko)

- Ein Objekt ist nicht spezifikationskonform, wird aber angenommen:

    Hier geht das Risiko zu Lasten des Kunden, der wiederum das Objekt zurückweisen könnte.

    → Fehler 2. Art (Kundenrisiko)

- Ein Objekt ist nicht spezifikationskonform und wird abgelehnt:

    → Richtige Entscheidung

Die beiden fehlerhaften Entscheidungen sind häufig direkte Folgen einer großen Messunsicherheit. Hier stellt sich direkt die Frage nach dem Optimierungspotential und dessen Kosten. Entweder optimiert man den Produktionsprozess, um die Ausschussquote auch bei schlechten Messmöglichkeiten reduzieren zu können, oder man sorgt für eine bessere Bewertbarkeit der Konformität. In den meisten Fällen rechnen sich die zusätzlichen Ausgaben für eine bessere Messtechnik und de Entwicklung entsprechender Messverfahren, denn Änderungen im Produktionsprozess sind in der Regel teurer.

1.3 WECHSEL DER PARADIGMEN

Zu einer vernünftigen Vermarktung der Dienstleistungen *Messen*, *Prüfen* und *Kalibrieren* ist es notwendig, dass ein Kunde erkennen kann, welche Dienstleistung für sein Geld durchgeführt wurde. Dieses Denken spiegelt sich zum Beispiel darin wieder, dass die im DKD akkreditierten Kalibrierlabore auf ihren Kalibrierscheinen alle relevanten Informationen zur Messwertermittlung liefern. Somit erhält der Kunde die Gewähr, ein sorgfältig ermitteltes und dokumentiertes Ergebnis – also ein gutes Produkt – zu erhalten, denn...

Transparenz schafft Vertrauen!

In der ISO-Schrift GUIDE TO THE EXPRESSION OF UNCERTAINTY IN MEASUREMENT, oder kurz in dem GUM spiegelt sich das neue Denken der Messunsicherheitsbestimmung wieder.

Hier wird nun ein formales, numerisches Verfahren vorgestellt, um einer Messgröße – zumindest implizit – eine Aussage über eine zugeordnete Messunsicherheit zuordnen zu können. Dieses ist aber lediglich ein Näherungsverfahren, welches Gültigkeit hat, wenn verschiedene Eingangsvoraussetzungen zutreffen, die wir noch erläutern werden. Das Verfahren des GUM Framework ist allgemein anerkannt und für die Praxis ausreichend. Wir werden es in aller Ausführlichkeit vorstellen.

Die exakte Bestimmung der Messunsicherheit ist aber wesentlich komplexer und wird nur sehr selten praktiziert. Das Verfahren ordnet den einzelnen Messunsicherheitseinflüssen entsprechende, durch Integrale ausgedrückte Messunsicherheiten zu, welche dann miteinander zu verrechnen sind. Hier versagen die meisten numerischen Verfahren und lediglich die Monte

Einführung

Carlo Simulation bietet ein hinreichend gutes Ergebnis. Dieses Verfahren ist nicht mehr Gegenstand dieses Buches.

Das GUM basiert auf den in den letzten Jahren neu strukturierten Erfahrungen über die Gewinnung von Informationen über Messergebnisse und der daraus folgenden Ermittlung von Messunsicherheiten. Es wurde als *Guide* – als Richtlinie – herausgegeben und nun folgt in kleinen Schritten die Umsetzung als (internationale) Norm. Hierdurch setzt sich der Trend der Anwendung des GUMs an Stelle der DIN 1319 fort. Diese DIN galt bisher als Maß zur Bestimmung der Messunsicherheit in Deutschland. Der Vorschrift ist jedoch deutlich anzumerken, dass sie sich zu sehr an den Belangen der Längenmesstechnik orientiert. Durch das GUM werden nun auch die anderen Felder besser berücksichtigt.

Eine weitere Notwendigkeit zum Handeln wurde dadurch vorgegeben, dass es notwendig wurde, vergleichende Messergebnisse im wirtschaftlichen Kreislauf zu erhalten. Dies resultiert aus der bereits erlassenen DIN ISO EN 9001. Die Voraussetzung für die Vergleichbarkeit ist aber ein einheitliches Vorgehen, wie es der GUM beschreibt. Dies bedeutet aber andererseits auch Abschied nehmen von gängigen Verfahren der Messunsicherheitsbetrachtung, wie die Worst Case Methode, oder das RMS-Verfahren.

Bei der Umstellung auf die nach GUM geforderte Form haben wir in den meisten Fällen lediglich kleinere Unterschiede in den Ergebnissen verzeichnet.

RMS: Root-Mean-Square (Quadratische Addition) aller auftretenden Messunsicherheitsbeiträge, ohne Gewichtung und Erweiterung der verschiedenen Einflussgrößen. Dieses Verfahren kann man durchaus auch weiterhin für erste Abschätzungen anwenden. Es ist jedoch für eine seriöse Weitergabe von Messunsicherheiten nicht geeignet.

Zu diesem Umdenken gehört aber auch, dass man im Allgemeinen keine Aussagen mehr zum WAHREN WERT oder RICHTIGEN WERT eines MESSWERTES macht, sondern Kenntnisse über den gemessenen Wert in der Form wiedergibt, dass man einen Messwert angibt und dessen Annäherung an den wahren Wert mit einer definierten statistischen Sicherheit beschreibt. Letzteres wird über ein Vertrauensintervall – oder die MESSUNSICHERHEIT – beschrieben. Es gilt die Aussage:

Ein Messwert ohne Messunsicherheit ist kein Messwert. Ohne Messunsicherheit hat man keine Möglichkeit, die Zuverlässigkeit eines Ergebnisses zu bewerten.

Messen bedeutet immer, mehr oder minder vollständige Kenntnis von einem Größenwert zu erlangen. Das hierbei fehlende Wissen um den wahren Wert muss dabei durch Abschätzungen von Unsicherheiten und individuelle Bewertungen der eigenen Messung ergänzt werden, um ein vollständiges Ergebnis einer Messung angeben zu können. Je mehr Kenntnisse man einbringen kann, desto sicherer ist eine Aussage zum richtigen Wert möglich.

Die Ermittlung der Messunsicherheiten beschäftigt sich damit, die eingebrachten Kenntnisse zur Messung formal zu erfassen und im Rahmen einer Messunsicherheitsanalyse zu bewerten. Diese Bewertungen fließen dann in ein Messunsicherheitsbudget ein. Dieses liefert dann letztendlich eine Aussage über die Messunsicherheit, mit welcher der Messwert ermittelt wurde.

Werbung in eigener Sache:

Seminare

Qualifizierung des Personals zahlt sich aus! Zudem fordern die gängigen Qualitätsmanagementnormen die kontinuierliche Weiterbildung der Mitarbeiter.

Am kostengünstigsten führen sie hierzu Seminare im eigenen Hause mit ihren Messaufgaben als Beispiel durch.

Fordern sie doch einfach mal ein Angebot für eine InHouse-Schulung an.

Consulting

Sie haben Probleme mit ihren Budgets oder brauchen Unterstützung bei der Vorbereitung von Audits oder bei der Einführung neuer Messverfahren?

Dann stehe ich ihnen gerne zur Verfügung.

Ein Consulting kann vor Ort, oder in dringenden Fällen auch per eMail oder Telefon durchgeführt werden.

Lassen sie sich unverbindlich beraten:

BerndPesch@Messunsicherheit.com

2 MESSUNSICHERHEITSEINFLÜSSE

2.1 WAS MACHT MESSUNGEN UNSICHER?

Messungen werden auf vielfältige Art und Weise beeinflusst. Diese Einflussgrößen können gewollt sein; also Teil der geplanten Messung sein, oder aber ungewollter Natur.

Die ungewollten Einflussgrößen sind die Ursache für die Messunsicherheit, da diese Größen nicht nur ungewollt, sondern in aller Regel auch unbekannt sind.

Neben der Tatsache, dass auch gewollte Einflüsse eine gewisse Unsicherheit aufweisen, muss man auch berücksichtigen, dass noch ganz andere Einflüsse auf eine Messanordnung wirken. Diese muss man – auch wenn man sie nicht unbedingt erkennt – berücksichtigen und nach Möglichkeit abschätzen.

Durch zusätzliche Messungen kann man versuchen, zumindest einige dieser Größen bestimmen zu können. Denn alles was man kennt, kann man auch korrigieren. Hierbei muss man den zusätzlichen Aufwand sorgfältig abschätzen. Manchmal kann es wirtschaftlicher sein, mit größeren Messunsicherheiten zu arbeiten, als diese besser bekannt zu machen.

Bei Messunsicherheitseinflüssen unterscheidet man zunächst zwischen systematischen und statistischen Einflüssen.

(a) SYSTEMATISCHE EINFLÜSSE

Die systematischen Einflüsse sind „dem Messsystem eingeprägt". Diese Einflüsse werden sich bei Wiederholung einer Messung auch wieder in gleicher Art und Weise wiederholen. Zu den systematischen Einflüssen gehören zum Beispiel die Unlinearitäten der Messmittel, die Ansprechempfindlichkeit oder die Sättigung.

Man unterscheidet die systematischen Einflüsse wiederum in die bekannten systematischen Einflüsse und die unbekannten systematischen Einflüsse.

BEKANNTE SYSTEMATISCHE EINFLÜSSE

Sind die systematischen Einflüsse bekannt, sind die weiteren Maßnahmen schon vorgegeben: Man korrigiert die bekannten Abweichungen (sofern dies die Messmethode ermöglicht).

Beispiel: Ein Gewichtsstück weist bei einem Nennwert von 1 Kilogramm eine bekannte Abweichung von 2,4 Milligramm auf. Bei allen Anwendungen, bei denen eine numerische Korrektion möglich ist, rechnet man eben nicht mit 1 kg, sondern mit m = 1 kg - 2,4 mg weiter.

Unglücklich ist der Fall, eine Messabweichung zu kennen; diese aber nicht korrigieren zu können. Dann bleibt entweder die Möglichkeit, einer nachträglichen numerischen Korrektur, oder man muss diese Einflussgröße komplett im Rahmen der Messunsicherheit mit betrachten.

UNBEKANNTE SYSTEMATISCHE EINFLÜSSE

Systematische Einflussgrößen, die unbekannt sind lassen sich nicht korrigieren. Oftmals weiß man noch nicht einmal, dass sie vorliegen und kann mangels Systemkenntnisse diese nicht näher abschätzen. Hier helfen nur eine konservative Abschätzung der Größenordnung dieser Einflüsse und eine spätere Behandlung im Messunsicherheitsbudget.

Diese Art von Einflussgrößen ist für das Messergebnis am schlimmsten, da sie weder korrigierbar noch zu minimieren sind. Sie zwingen ein Messergebnis immer tendenziell in eine Richtung.

Beispiel: Einfache thermischer Leistungsmesser messen neben der Leistung, die von einem Generator zugeführt wird auch den Einfluss der Erwärmung auf Grund der Umgebungstemperatur. Man weiß um diesen Effekt und kann auch gesichert sagen, dass hierdurch zu viel Leistung angezeigt wird, aber man kann die Größe mangels Systemkenntnisse nicht ausreichend korrigieren.

(b) STATISTISCHE EINFLÜSSE

Um es gleich vorweg zu nehmen: Statistik kann man nur mit Statistik bekämpfen!

Statistische Einflüsse liegen immer dann vor, wenn eine Einflussgröße dem Zufall unterliegt. Typisch hierfür sind die verschiedenen Arten des Rauschens und zum Beispiel das Springen einer Digitalanzeige an der Schaltgrenze zwischen zwei Digits. Der letztere Fall wird später noch anders behandelt und wir wenden uns dem Rauschen zu:

Messergebnisse streuen um einen Häufungswert in Abhängigkeit zufälliger Einflüsse, die man nicht kennt, aber deren Wirkung man durch diese statistische Streuung beschreiben kann.

Indem man nun beliebig oft unter Wiederholbedingungen misst, wird die Wahrscheinlichkeit immer größer, dass der Mittelwert all dieser Messungen nahe am wahren Wert der Messung liegen wird. Es bleibt dann ein statistisch verteilter Rest der als Messunsicherheitseinfluss durch seine Varianz (oder über die Standardabweichung) beschrieben wird.

Beispiel: Eine Spannungsquelle wird durch eine Substitutionsmessung kalibriert, indem Ablesungen mittels eines direkt anzeigenden Multimeters aufgenommen werden. Anschließend werden die nominal gleichen Spannungen durch einen Kalibrator generiert und ebenfalls dem Multimeter zugeführt. Hierbei ist der Kalibrator das Normal und das Multimeter dient lediglich der Anzeige als Transferglied. Der Kalibrator „normiert" die Anzeige.

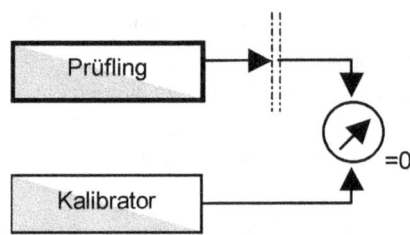

Diagramm 2.1-1: Funktionsdiagramm eines Spannungsvergleichs

Es liegen verschiedene, systematische Unsicherheitseinflüsse vor. Zum einen die des Kalibrators, die aber in der Regel bereits in einem Kalibrierschein gut beschrieben sind.

Systematisch sind auch die Anzeigeabweichungen des Multimeters, aber durch den Einsatz des Kalibrators versucht man, die Systematik dieser Abweichungen zu erfassen und zu korrigieren.

Systematisch vorliegend, aber kaum korrigierbar sind in diesem Falle die auftretenden Thermospannungen. Entweder kann man diese analytisch – über die Materialeigenschaften der Leiter – beschreiben, oder man muss sie als gegeben, aber nicht bekannt annehmen.

Statistisch verteilt sind hingegen die Anzeigeschwankungen des Multimeters auf Grund äußerer Einflüsse (thermisch, elektromagnetisch, und andere). Diese Einflüsse sind durch Mehrfachmessungen minimierbar.

3 Werkzeuge der Messunsicherheitsanalyse

3.1 Notation und Formelzeichen

Formel-zeichen	Bedeutung
σ	Standardabweichung (einer Stichprobe)
σ^2	Varianz einer Reihe Standardabweichung (einer Stichprobe). Auch gelegentlich Standardabweichung des Mittelwertes genannt.
μ	Erwartungswert (entsprechend dem Mittelwert einer Funktion)
$\sqrt{G}$	Gewichtungsfaktor (Formfaktor der angenommenen Verteilung). Das Wurzelzeichen wird bei uns in der Regel zusammen mit dem Gewichtungsfaktor G dargestellt, da in der späteren Berechnung des Messunsicherheitsbudgets $\sqrt{G}$ die relevante Größe ist. → Abschnitt 3.5(c), S. 24
A	Halbbreite der Einflussgröße
C	Sensitivitätskoeffizient → Abschnitt 3.6, Seite 38
E_N	Normalized Error Ratio Richtwert zum Vergleich von Messwerten und ihren Messunsicherheiten
M	Messwert
S_S	Vertrauensniveau (Beispiel: $S_S = 0{,}95$ für ein Vertrauensniveau der Verteilung von 95%)
u	Standardmessunsicherheit in absoluten Werten
U	Erweiterte Messunsicherheit in absoluten Größen. Wir nutzen U als erweiterte Messunsicherheit mit Index für das benutzte/vorgegebene Vertrauensniveau (Beispiel $U_{0,95}$)
w	Standardmessunsicherheit in relativen Größen → Gleichungen 3.4-3, Seite 20
W	Erweiterte Messunsicherheit in relativen Größen. Wir nutzen W als erweiterte Messunsicherheit mit Index für das benutzte/vorgegebene Vertrauensniveau (Beispiel $W_{0,95}$)
δ	Platzhalter für eine bis dato noch nicht numerisch definierte Einflussgröße
Δ	Platzhalter für eine numerisch bekannte Einflussgröße oder einen entsprechenden Korrekturwert
$\partial/\partial x$	Differentialoperator zur Darstellung der partiellen Ableitung
k	(Wählbarer) Erweiterungsfaktor zur Erreichung eines vorgegebenen Vertrauensniveaus
ν	[griech: ny]: Formelzeichen für den Freiheitsgrad einer (Einfluss)größe.

Tabelle 3.1-1: Die wichtigsten Formelzeichen.

3.2 VORGEHENSWEISE

3.2.1 AUSWAHL DES VERFAHRENS

Bevor wir ein passendes Verfahren zur Ermittlung von Messunsicherheiten vorstellen, muss auf der Basis der Messaufgabe festgestellt werden, welche Werkzeuge man sinnvoll einsetzen kann. In der Mehrzahl der Fälle ist das klassische Verfahren zielführend, welches direkt im Anschluss vorgestellt wird. Man muss sich jedoch darüber im Klaren sein, dass in verschiedenen Fällen das klassische GUM nicht anwendbar oder nicht praktikabel ist.

Zu diesem – und zu den weiteren Fällen – gibt es alternativ die Möglichkeit der Anwendung der Monte Carlo-Simulation, die jedoch nicht Gegenstand dieses Buches ist.

Zur Beschreibung der Struktur nehmen wir folgende Begriffe bereits vorweg:

Einflussgröße: Größe, von der die Messgröße abhängt und bei der Ermittlung des Messergebnisses berücksichtigt wird.

Definition 3.2-1: Einflussgröße

Sinngemäß wird auch der Begriff Eingangsgröße verwendet. Einflussgrößen können gewollt sein, oder aber ungewollt in Form von Messunsicherheitseinflüssen vorliegen.

→ Definition nach VIM 4.1.2, vgl. auch Glossar, Eintrag (59).

Ausgangsgröße: Ergebnis eines Messunsicherheitsbudgets oder einer Berechnung (eines Ergebnisses).

Definition 3.2-2: Ausgangsgröße

Für die Wahl des passenden Wegs ist die Anzahl der Einfluss- und Ausgangsgrößen, sowie die Anzahl der zur Lösung des Problems verfügbaren Gleichungen ausschlaggebend.

Hier kann man sich an folgender Entscheidungshilfe orientieren, wobei wir lediglich die beiden ersten Fälle betrachten:

Einflussgrößen	Ausgangsgrößen	Gleichungen	Lösungsweg
m	n	l	
1	1	1	Klassisches GUM
>1	1	1	Klassisches GUM
>1	>1	1	GUM in Matrizenform
>1	>1	>1	Methode der kleinsten Fehlerquadrate

Tabelle 3.2-1: Entscheidungsmatrix für die Anwendung eines Verfahrens zur Berechnung der Messunsicherheit.

3.2.2 MESSUNSICHERHEITSANALYSE

Wir halten das Vorgehen zur Ermittlung der Messunsicherheit nach DIN 1319 für nicht mehr zeitgemäß und wollen daher einen anders strukturierten Weg vorschlagen. Diesen werden wir auch später in unseren Beispielen anwenden. Letztendlich unterscheiden sich die verschiedenen Wege nicht in ihren Ergebnissen, sondern nur in der Strukturierung.

ARBEITSSCHRITT	DURCHZUFÜHRENDE PUNKTE
1. Analyse der Aufgabenstellung	Frage nach der Messgröße, und nach Rahmenbedingungen
	Abklären, ob die eigenen Möglichkeiten ausreichend sind, um die Aufgabe zu erfüllen. Hierzu muss gegebenenfalls die Messunsicherheitsanalyse mit typischen, zu erwartenden Werten vorgezogen werden
2. Definition der Messgröße	Darstellung der mathematischen und physikalischen Grundlagen auf der Basis der Aufgabenstellung durch Aufstellen einer Prozessgleichung, die das physikalische Modell der Messung abbildet.
3. Vorbereitung der verfügbaren Daten	Messwertaufnahme (Dokumentation der Beobachtungen)
	Dokumentation der für die Messunsicherheitsanalyse notwendigen Messbedingungen (Labortemperatur, etc....).
4. Berechnung der Ergebnisse	Vorbereitung von Messreihen, wie Mittelwertbildung, Min-/Max-Bestimmung, Standardabweichung und Varianz
	Berechnung entsprechend dem Modell der Auswertung
5. Messunsicherheit	Messunsicherheitsanalyse: Erfassen und Diskussion der Einflussgrößen
	Übernahme von Messunsicherheitseinflüssen aus Kalibrierscheinen
	Einbringen von Zwischenergebnissen aus zuvor berechneten Teilbudgets
	Modellgleichung der Messunsicherheit aufstellen
	Messunsicherheit bestimmen, Messunsicherheitsbudget erstellen
6. Angabe des vollständigen Messergebnisses	Darstellung des Messwertes
	Messunsicherheit zuordnen
	Analyse des Ergebnisses: Gegebenenfalls prüfen, ob das vorgegebene Ziel erfüllt werden konnte (Ist die ermittelte Messunsicherheit kleiner oder zumindest gleich der Forderung, können Konformitätsaussagen auf der Basis der Messung getroffen werden, etc.)

Tabelle 3.2-2: Alternatives Vorgehen

3.3 MODELL DER IDEALEN MESSUNG (DIE PROZESSGLEICHUNG)

Die Prozessgleichung ist die mathematische Beschreibung einer idealisierten – sprich: messunsicherheitsfreien – Messung.

Die Prozessgleichung ist Ausgangspunkt für das spätere Messunsicherheitsbudget. Nicht nur für die Ergebnisermittlung ist die korrekte Form notwendig, sondern auch für die spätere Zuordnung der Messunsicherheitsbeiträge. Häufig ist sie ganz trivial.

Beispiel: Eine Aussage in der Form...

$$Länge_1 = Länge_2$$

Gleichung 3.3-1: Direkter Längenvergleich

...ist trivial. Dennoch steckt in dieser einfachen Aussage bereits eine wichtige Information über den Messprozess: Eine Länge wird mit einer anderen Länge direkt verglichen, ohne weitere Zwischenschritte zu nutzen. Hingegen zeigt folgende Prozessgleichung...

$$Länge = n \cdot \left(\frac{c}{Frequenz} + Phasenoffset \right) \cdot Korrektur$$

Gleichung 3.3-2: Laserlängenmessung

...dass hier der Längenermittlung ein anderes Messprinzip zu Grunde liegen muss. Man würde hier vielleicht auf eine Laserlängenbestimmung, oder eine Ultraschallmessung tippen. Gleichung 3.3-1 (direkter Vergleich) beschreibt diesen Messprozess nicht und kann daher (eigentlich) nicht angewendet werden.

Eigentlich in zuvor gemachter Formulierung bedeutet, dass man leider nicht immer alle notwendigen Informationen zu einem Messprozess kennt. Insbesondere, wenn das eingesetzte Messmittel als *Black Box* ohne Offenlegung des angewendeten Messprozesses benutzt wird.

Jetzt wird aber auch schon deutlich, dass sich die möglichen Messunsicherheitsbetrachtungen strukturell – je nach Messprinzip und dessen Beschreibung – unterscheiden müssen. In Gleichung 3.3-1 könnte man bekannte Korrekturen als Δl und Messunsicherheitseinflüsse als δl in der physikalischen Einheit der Länge berücksichtigen.

Der jeweils genutzte Ansatz kann beliebig komplex sein und richtet sich auch nach dem Umfang der einzubringenden Kenntnisse. Schwieriger sind die Ansätze, wenn eine Messgröße zu ermitteln ist, aber der Prozess nicht hinreichend bekannt ist.

Beispiel: das hinreichend bekannte Ohmsche Gesetz...

$$U = R \cdot I$$

Gleichung 3.3-3: Ohmsches Gesetz

...kann nur dann als Prozessgleichung akzeptiert werden, wenn die Spannung auch tatsächlich über die Messung eines Widerstandes und des Stromes ermittelt wird. Jede andere Spannungsmessung müsste auch einen anderen Ansatz der Prozessgleichung nutzen.

3.4 ENTWICKLUNG DER MODELLGLEICHUNG

Nachdem das ideale Modell der Messung in Form der Prozessgleichung entwickelt wurde, gilt es nun, die einzelnen Messunsicherheitseinflüsse zu erkennen und zuzuordnen.

Aus der Prozessgleichung wird eine mögliche Modellgleichung entwickelt, welche neben den gewünschten Einflüssen auch die Messunsicherheitseinflüsse darstellt.

Die Modellgleichung muss einigen Anforderungen gerecht werden:

1. Sie soll (zumindest in dem Bereich, in denen Messwerte aufgenommen werden) stetig differenzierbar sein. Notfalls genügt auch eine punktuelle Differenzierbarkeit an den einzelnen Messpunkten.

    Eine singuläre Ableitung an lediglich einem Punkt ist nicht definiert. Man muss zumindest ein „kleines Stück Funktion" um den Messpunkt herum definieren können.

2. Die Modellgleichung muss – wenn man die Messunsicherheitseinflüsse weglässt – auf die Prozessgleichung zurückgeführt werden können.

3. Sie muss bereits bekannte Korrekturen – sofern vorhanden – darstellen können.

4. Des Weiteren muss sie auch statistisch verteilte (unbekannte) Einflussgrößen an entsprechender Stelle berücksichtigen.

5. Sie muss mathematisch korrekt sein.

6. Sie muss physikalisch korrekt sein.

Physikalisch korrekt heißt in erster Linie, dass die physikalischen Einheiten korrekt wiedergegeben werden.

Definition 3.4-1: (Forderungen zur) Modellgleichung

Um eine Gleichung zu entwickeln, die obige Bedingung erfüllt, geht man von der Prozessgleichung aus. Damit erledigt sich Forderung 2 von alleine. Auch Forderung 1 ist somit in den meisten Fällen erfüllt, da physikalische Vorgänge nur in seltenen Fällen singulärer Art sind.

Korrekturen (siehe Forderung 3) sind – laut Definition – Terme, welche zu einem Messergebnis addiert werden, um Abweichungen auszugleichen. Je nach Aufbau der Modellgleichung können sie additiv oder multiplikativ eingebracht werden. Korrekturen können bereits in der Prozessgleichung berücksichtigt werden, wenn sie von vorne herein als bekannt vorausgesetzt werden können.

Als Ergebnis der Messung wird man ein Messergebnis mit der erweiterten Messunsicherheit angeben. Für den Anteil der Messunsicherheit werden die Großbuchstaben U und W benutzt. Man kann die Formelzeichen U und W noch ergänzen, indem man den Erweiterungsfaktor k, oder alternativ das Vertrauensintervall als Index hinzufügt. Vorgeschlagene Darstellungen sind:

$$U_{k=2},\ U_{95\%},\ W_{k=2},\ W_{99}$$

Wir nutzen in der Regel die Form $U_{0,95}$. Das Formelzeichen U wird für absolute und W für relative Messunsicherheitseinflüsse genutzt.

$U_{0,95}$ bedeutet: Absoluter Messunsicherheitsbeitrag (mit gleicher physikalischer Dimension, wie das Messergebnis) und einem Vertrauensintervall, in welchem mit 95prozentiger Wahrscheinlichkeit das Messergebnis zu finden ist. Leider sind diese Darstellungen mit Indizes nicht besonders verbreitet. Sie werden von uns aber empfohlen.

Auch wird des Öfteren auf die Verwendung von W als Formelzeichen für relative Größen verzichtet und pauschal U benutzt. Dies sollte man vermeiden.

Beispiel: Falls die Messgröße ein Korrekturfaktor oder eine Verhältnisgröße wie die Frequenzabweichung $\Delta f/f$ ist, ist das Messergebnis dimensionslos. Daher kann man in diesem Falle bei der Angabe der Messunsicherheit nicht anhand der (fehlenden) physikalischen Dimension entscheiden, wie die Messunsicherheit zu lesen ist.

Ein Messergebnis setzt sich immer aus einem Anteil für das Messergebnis und dessen Unsicherheit zusammen:

$$Ergebnis = M \pm U$$

...oder

$$Ergebnis = M \cdot (1 \pm W)$$

Gleichungen 3.4-1: Beispiele der Darstellung der Messergebnisse

Per Definition kann es kein Messergebnis ohne Messunsicherheit geben. Es wäre wertlos, weil nicht erkennbar ist, wie sicher es ermittelt wurde.

Im Endeffekt ist es egal, ob man die Messunsicherheitsbeiträge zum Messwert multipliziert oder addiert, solange man die hierzu jeweils korrekte physikalische Darstellung nutzt.

Möchte man einer additiven Modellgleichung den Vorzug geben, wäre folgender Ansatz – zum Beispiel bei einer Längenmessung – denkbar:

$$\Delta l = l_{Mess} + \delta_{Material} + \delta_{Messsystem} + \delta_{Verfahren}$$

Gleichung 3.4-2: Additive Ansatz

Ein hierzu äquivalentes multiplikatives Modell wäre:

$$\frac{\Delta l}{l} = l_{Mess} \cdot w_{Material} \cdot w_{Messsystem} \cdot w_{Verfahren}$$

...oder (je nach gewähltem Ansatz für w_i):

$$\frac{\Delta l}{l} = l_{Mess} \cdot (1 + w_{Material}) \cdot (1 + w_{Messsystem}) \cdot (1 + w_{Verfahren})$$

Gleichungen 3.4-3 und 3.4-4: Multiplikativer Ansatz

Zuletzt muss geprüft werden, ob die erstellte Modellgleichung allen eingangs aufgestellten Forderungen genügt.

3.4.1 Das „*Fehler*"fortpflanzungsgesetz nach Gauß

Bevor wir zum *Fehler*fortpflanzungsgesetz als Ausgangspunkt späterer Messunsicherheitsbestimmungen kommen, stellen wir folgende erste Abschätzung vor:

(a) Lineare Abschätzung

Mit den verschiedenen Standardmessunsicherheiten u_1 bis u_n kann man nach folgender Addition sagen, dass die maximale Messunsicherheit, welche einer Messung zugeordnet werden kann oder muss, kleiner sein muss, als die arithmetische Summe aller Beiträge:

$$U_{max} \leq \sum_{i=1}^{n} u_i$$

Gleichung 3.4-5: Abschätzung der maximalen Messunsicherheit

Auch wenn man nicht mehr von Fehlern redet und es sich entsprechend dem neuen Selbstverständnis um die Fortpflanzung der Unsicherheit handelt, halten wir hier ausnahmsweise am Begriff der *„Fehlerfortpflanzung"* fest. Unter diesem Namen ist die Formel bekannt und wird so in der Literatur benutzt.

Da einige Messunsicherheitseinflüsse das Messergebnis, m, nach oben und andere wiederum nach unter ändern können, ist sehr wahrscheinlich, dass der wahre Wert deutlich innerhalb des Intervalls $(m-U_{max}) < m_{wahr} < (m+U_{max})$ liegen muss. De facto ist es sogar wesentlich wahrscheinlicher, dass der Messwert m näher am wahren Wert als an den Grenzen liegen wird.

In den meisten der hier zu betrachtenden Fälle wird die Messgröße nicht direkt, sondern über einen funktionalen Zusammenhang aus anderen Größen ermittelt.

MESSUNSICHERHEITSANALYSE

- So wird zum Beispiel das Drehmoment aus einer Kraftmessung bei bekanntem Hebelarm bestimmt.
- Und der Massevergleich erfolgt bei einer Wägung über die von der Masse unter lokaler Gravität erzeugten Kraft.
- Ein elektrischer Strom wird über den Spannungsabfall an einem Widerstand bestimmt.

In all diesen Fällen wirken die Messunsicherheitseinflüsse der Einflussgröße über den funktionalen Zusammenhang der Prozessgleichung auf das Ergebnis. Es ist eine Form notwendig, welche beschreiben kann, wie stark die Messunsicherheit auf das Ergebnis wirkt. Zuvor betrachten wir noch eine mögliche Abschätzung:

(b) ROOT MEAN SQUARE VERFAHREN

Die meisten der älteren Techniker kennen noch Aussagen wie: *„Der mittlere quadratische Fehler der Messung beträgt..."* Entweder sollten sie diese Aussage schnellstens wieder vergessen und sich der aktuellen Betrachtungsweise zuwenden, oder darüber nachdenken, welche Information enthalten ist und ob es einen Weg gibt, diese Information in ein aktuelles Messunsicherheitsbudget zu überführen. Dies wird immer dann notwendig sein, wenn mit älteren Messmitteln gearbeitet werden muss (was nichts Negatives ist) und lediglich Aussagen zum „Messfehler" vorliegen. Hier liegt folgende Annahme zu Grunde:

$$\Delta f = \sqrt{\sum_{i=1}^{n} \Delta x_i^2}$$

Gleichung 3.4-6: Fehleraddition nach dem Root Mean Square Verfahren

Δf: Für die resultierende Messunsicherheit in gleicher physikalischer Dimension, wie die Messgröße

Δx_i: Für die einzelnen, zu berücksichtigenden Beiträge, ebenfalls in den gleichen Dimensionen

Mittlerweile wird dieses Verfahren als (formal) unzulässig und unzuverlässig betrachtet, obwohl es andererseits über Jahre hinweg in erster Näherung zuverlässige Werte geliefert hat. Der Grund ist, dass hier Annahmen vorausgesetzt werden, welche in der Praxis nicht immer vorliegen. Aber genaugenommen ist das Root Mean Square (RMS) Verfahren gar nicht so falsch. Es stellt eine Form der Abschätzung dar, bei der alle Größen ungewichtet benutzt werden. Hierin liegt der wesentliche Unterschied zum Verfahren nach GUM.

Das RMS-Verfahren hat übrigens seine Wurzeln nicht in den Fehlerbetrachtungen der 50er Jahre. Vielmehr wird bei einem Vergleich mit der von Gauß erstmalig dargestellten Fehlerfortpflanzung deutlich, dass hier die Wurzeln des Verfahrens liegen. Gauß nahm bereits eine erste Bewertung vor, inwieweit eine Einflussgröße auf das Ergebnis Auswirkungen hat. Er erkannte, dass die Weiterschreibung der Einflüsse bis zum endgültigen Ergebnis den partiellen Ableitungen der Prozessgleichung $f(x_1, x_2, ... x_n)$ (welche damals natürlich noch nicht so bezeichnet wurde) folgt. Daher setzte er folgenden Ansatz an:

$$\Delta f = \sqrt{\sum_{i=1}^{n} \left(\frac{\partial f}{\partial x_i} \cdot \Delta x_i \right)^2}$$

Gleichung 3.4-7: Fehlerfortpflanzung nach Gauß

Δf: Für die Messunsicherheit (damals: Fehler)

Δx_i: Für die einzelnen, zu berücksichtigenden Beiträge

$\partial f / \partial x_i$: Partielle Ableitung der Funktionsgleichung $f(x_1, x_2, ... x_n)$ nach den einzelnen Einflussgrößen x_i

Aus diesem Ansatz leitet sich eine wesentliche Forderung an die Modellgleichung her: Die Modellgleichung muss zumindest um den Messpunkt herum eine stetig differenzierbare Funktion f sein.

Es gilt aber auch, Einflüsse zu berücksichtigen, die man nicht so gut kennt; die aufgrund irgendwelcher Annahmen abgeschätzt wurden. Hier kann man beim besten Willen keine Normalverteilung mit bekannten Parametern voraussetzen. Diese gilt es, entsprechend der „Zuverlässigkeit der Schätzung" anders zu bewerten. In diesem Punkt gibt es nun die größten Unterschiede zum Gauß'schen Ansatz. Man hat erkannt, dass man bei weitem nicht alle Einflüsse – unabhängig von der Art der Ermittlung – gleich gewichten kann. Es gibt Einflüsse die aufgrund einer (eigenen oder fremden) empirischen Betrachtung ermittelt wurden und deren Art recht gut bekannt ist. Man kann zum Beispiel sagen, ob die Werte entsprechend einer Normalverteilung um einen Häufungspunkt streuen und wie groß die Varianz einer Messreihe ist. Diese Kenntnisse kann man in ein Messunsicherheitsbudget einbringen.

Des Weiteren gibt es voneinander abhängige Beiträge. Solche Abhängigkeiten ergeben sich zum Beispiel zwangsläufig, wenn man auf der gleichen Waage einen Prüfling gegen ein Normal verwiegt. Beide Wägungen sind durch die Einflüsse der Waage weitgehend gleich beeinflusst und unterscheiden sich nur durch statistische Anteile.

Diese Messunsicherheitsbeiträge sind also in einer noch zu definierenden Art und Weise miteinander korreliert. Wahrscheinlich werden sich durch eine spätere Differenzbildung die betreffenden Einflüsse – zumindest zum Teil – gegeneinander aufheben.

Es gibt also genügend Gründe, den Gauß'schen Ansatz aus Gleichung 3.4-7 weiter zu verfeinern. Die dann resultierende Budgetgleichung wird aus der Gauß'schen Fehlerfortpflanzung hergeleitet, wobei zusätzlich die Gewichtungsfaktoren G_i für die jeweils angenommenen Verteilungen zu berücksichtigen sind.

→ *Die Wechselbeziehungen („Korrelationen") zwischen den einzelnen Größen stellen wir augenblicklich noch zurück und behandeln diese später in Kapitel 3.7, „Korrelation zwischen einzelnen Einflussgrößen", Seite 40.*

$$U_K = k \cdot \sqrt{\sum_{i=1}^{n} \left(\sqrt{G_i} \cdot c_i \cdot a_i\right)^2}$$

Gleichung 3.4-8: Die „goldene" Gleichung der Messunsicherheitsbestimmung

Alternativ findet man auch folgende Schreibweise mit einer anderen Positionierung des Gewichtungsfaktors:

$$U_K = k \cdot \sqrt{\sum_{i=1}^{n} G_i (c_i \cdot a_i)^2}$$

Gleichung 3.4-9: Die „goldene" Gleichung der Messunsicherheitsbestimmung (Variante 1)

Da wir jedoch √G anstatt G angeben und weiterhin etwas anders aufschlüsseln, werden wir folgende Darstellungsform nutzen:

$$U_K = k \cdot \sqrt{\sum_{i=1}^{n} u_i^2} \quad \text{mit:} \quad u_i = \sqrt{G_i} \cdot c_i \cdot a_i$$

Gleichung 3.4-10: Die „goldene" Gleichung der Messunsicherheitsbestimmung (Variante 2)

→ 3.6, Sensitivitätskoeffizienten, Seite 38

Diese Gleichung hat die Form der Gauß'schen Fehlerfortpflanzung. Die partielle Ableitung wird nun durch den Sensitivitätskoeffizient c_i ausgedrückt, welcher dann wie folgt für die Modellgleichung $f(x_1, \ldots x_i)$ definiert ist:

$$c_i = \frac{\partial f}{\partial x_i}$$

Gleichung 3.4-11

U_k: Erweiterte Messunsicherheit, mit Erweiterungsfaktor k

k: gewünschter Erweiterungsfaktor

G_i: Gewichtungsfaktor der Größe i

a_i: Halbbreite der der Einflussgröße i

Anstatt Δf (nach Gauß) verwenden wir nun U als Symbol für die erweiterte Messunsicherheit.

(c) Vertrauensintervall und Erweiterung

Der Begriff der Erweiterung steht für eine Anpassung der ermittelten Unsicherheit an ein gewünschtes Vertrauensintervalls. Die einfache Standardabweichung einer Normalverteilung überdeckt gerade einmal eine Wahrscheinlichkeit von 68,3% aller möglichen Lagen des Messwertes (heller Bereich im folgenden Diagramm). Dies reicht für viele Messaufgaben nicht aus.

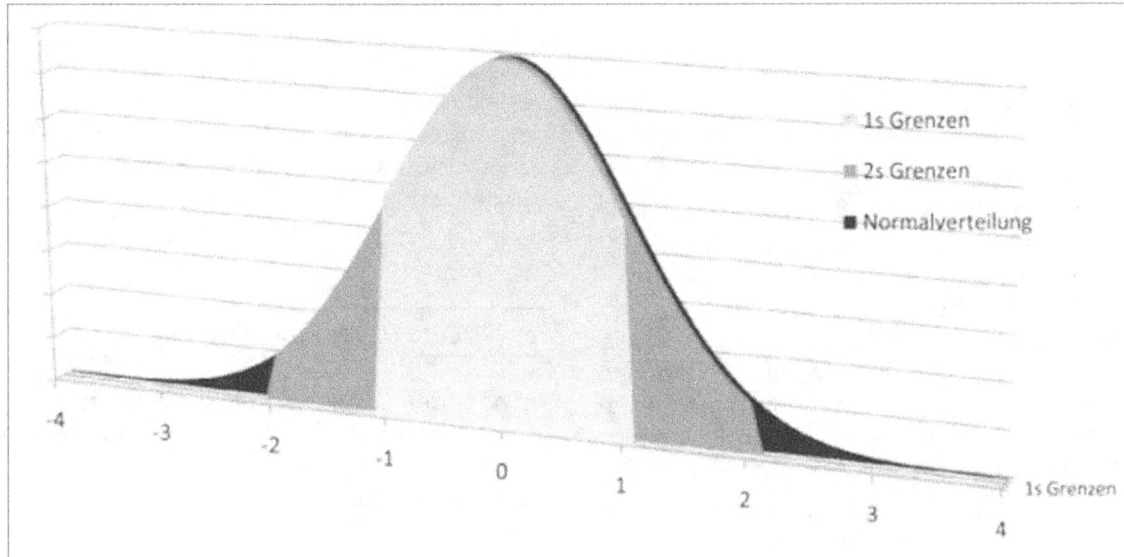

Diagramm 3.4-1: Überdeckung // Wahrscheinlichkeitsintervall

Bei Wahl eines Erweiterungsfaktors von $k = 2$ vergrößert sich das Vertrauensintervall auf die doppelte Breite. Die Breite der zweifachen Standardabweichung überdeckt nun etwa 95% aller möglichen Lagen des Messwertes (entsprechend der Fläche in den Grenzen -2 bis +2 im Diagramm 3.4-1). Man redet nun auch von einem Vertrauensniveau oder einem Wahrscheinlichkeitsintervall von 95,4%. Das Vertrauensniveau $S_S = 0{,}954$ (95,4% Überdeckungswahrscheinlichkeit) ist für allgemeine Messzwecke ausreichend und wird auch für die Rückführung von Messgrößen auf das nationale Normal benutzt. Im Rahmen der Kalibrierung redet man von der erweiterten Messunsicherheit.

(d) Standardmessunsicherheit

Der in Gleichung 3.4-8, Seite 22 dargestellte Term...

$$u = \sqrt{G} \cdot c \cdot a$$

...steht für die Standardmessunsicherheit. Ihr wird das Formelzeichen u zugewiesen. Dieses u gibt wieder, welche Einflussgröße wie stark gewichtet in das Budget eingehen wird. Der Halbbreite der Einflussgrößen („geschätzte Messunsicherheitseinflüsse") wird das Formelzeichen a zugewiesen. Die Gewichtungen werden durch zwei Faktoren beschrieben: einem „Formfaktor" der die Verteilungen beschreibt ($\sqrt{G}$) und einem Sensitivitätskoeffizienten c.

3.5 Verteilungen und Gewichtungsfaktoren

Verteilungen und Gewichtungen dienen in Messunsicherheitsbudgets der Gewichtung der Einflussgrößen entsprechend dem „*Vertrauen in die Größe*".

(a) Angenommene Verteilung von Einflussgrößen

Die Einflussgrößen sind mit ihren Unsicherheiten bestimmt worden. Angaben können zum Beispiel Kalibrierscheinen oder Gerätespezifikationen entnommen werden. Ansonsten müssen diese selbst ermittelt oder abgeschätzt werden. Hier wird deutlich, dass die jeweiligen Ausgangssituationen von verschiedener Qualität sein können. Dem entspricht man, indem man Annahmen zur Verteilung der Messwerte um einen Erwartungswert in die Berechnung mit einbringt.

Leider kann aber zur tatsächlichen Wahrscheinlichkeit, einen Messwert an einem bestimmten Punkt anzutreffen, keine verlässliche Aussage getroffen werden. Hier muss man fehlende Informationen durch eigene Schätzungen ersetzen. Dieses ist ein legitimes Verfahren, welches häufig angewendet wird. Der Techniker führt diese Schätzung auf der Basis vielfältiger Informationsquellen, wie Messerfahrung, Vergleichsmessungen, mathematische Betrachtungen, etc. durch.

Diese angenommene Wahrscheinlichkeitsverteilung wird der jeweiligen Einflussgröße zuordnet.

(b) Vergleichbarkeit der Messergebnisse

Um eine Möglichkeit zur einfachen Vergleichbarkeit und Bewertbarkeit verschiedener Messergebnisse (nicht der Einflussgrößen) zu schaffen, normiert man die Messunsicherheit, die den Ergebnissen zugeordnet wird derart, dass man für die ermittelte Größe eine Normalverteilung selbst dann annimmt, wenn diese nicht vorliegt.

Der Anwender kann dieses Messergebnis anschließend wie ein mittels empirischer Betrachtung gewonnenes Ergebnis weiter verwenden. Er muss sich nicht mehr um die real vorliegenden Verteilungen kümmern. Der dargestellte Erweiterungsfaktor der erweiterten Messunsicherheit stellt sicher, dass man sich mit dieser Annahme immer auf der sicheren Seite befindet.

→ *Gleichung 3.5-4: Varianz, Seite 26*

(c) Gewichtungsfaktor

Je nachdem, welche Verteilung wir zu Grunde legen, werden unterschiedliche Varianzen ermittelt werden. Über die hier für die wichtigsten Verteilungen ermittelten Varianzen werden letztendlich die verschiedenen, angenommenen Verteilungen gegeneinander gewichtet und diese Gewichtungen als Faktor G in den Messunsicherheitsbudgets übernommen. Der Gewichtungsfaktor kann als Formfaktor verstanden werden, der den Übergang einer Verteilungsfunktion in eine andere (die Normalverteilung) beschreibt.

Im Zusammenhang mit Messunsicherheiten ist immer wieder von angenommenen Verteilungen die Rede. Dieser Ausdruck zeigt auf, dass die tatsächliche Verteilung nur auf der Basis gesicherter Kenntnisse und des persönlichen Erfahrungsschatzes „vermutet" wird. Dies ist ein durchaus legitimes und notwendiges Verfahren, um Wissensdefizite zu überbrücken.

Folgende Verteilungen sind geläufig und für fast alle Fälle ausreichend: Rechteck-, Dreieck-, U- (auch Arcussinusverteilung), die Normal- (Gauß) und die Studentverteilung. Seltener werden empirische, einseitig begrenzte Normalverteilungen oder (Bi)modale Verteilungen genutzt.

MESSUNSICHERHEITSANALYSE

Natürlich können bei gesicherter Annahme auch eigene Verteilungen zur Anwendung kommen. Jedoch rechtfertigt der zur Ermittlung der zugehörigen Gewichtungsfaktoren notwendige Aufwand nicht unbedingt die erzielbare Verbesserung in der Aussage über den Messunsicherheitsbeitrag.

Bei aller Ausführlichkeit in welcher wir auf den folgenden Seiten die wichtigsten Verteilungen vorstellen werden, sollte man nicht außer Acht lassen, das wir über die Dichtefunktionen keine Aussage zum Messwert, sondern zu dessen Messunsicherheit erhalten. Die Messunsicherheit ist eine zugeordnete, abgeschätzte Größe. Wir sollten nicht zu viel Aufwand und Grundlagenbetrachtungen einbringen, denn letztendlich ändert dies den Messwert nicht. Erst wenn man sich eine relevante Verbesserung durch die Wahl einer anderen Verteilung verspricht, sollte man den hierzu notwendigen Aufwand betreiben.

3.5.2 RECHTECKVERTEILUNG

Prinzipiell nimmt man alle <u>geschätzten</u> Einflüsse – sofern man keine anderen Informationen über die Verteilung der Größe hat – mit einer Rechteckverteilung an. Später kann man gegebenenfalls mehr Kenntnisse einbringen und die Verteilung modifizieren.

einer Einflussgröße ausreichend groß abzuschätzen. Daher bezeichnet man die Rechteckverteilung auch als *Universalverteilung*.

Beispiel: Einflüsse, wie Ablesewerte einer Digitalanzeige mit festen Grenzen (z.B. ±1 Digit, entsprechend ±1 mV), oder (grob, mangels näherer Informationen) abgeschätzte Größen, wie *„Der Unsicherheitseinfluss aufgrund der Kabelbiegung wird zu ±0,005 dB abgeschätzt"* werden mit einer Rechteckverteilung angenommen. Ebenso betrachtet man Herstellerinformationen in technischen Dokumentationen, wenn nicht ersichtlich ist, dass diese Größen mit einem Erweiterungsfaktor angegeben sind, als rechteckverteilt.

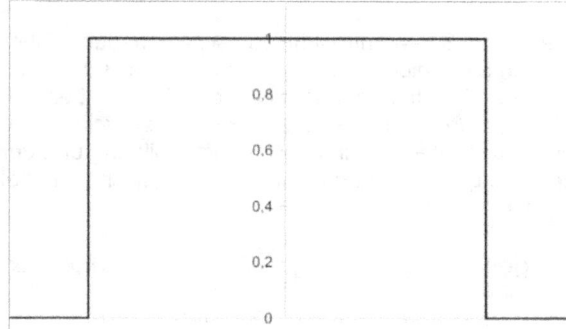

Diagramm 3.5-1: Rechteckverteilung

Bei einer angenommenen Rechteckverteilung definiert man eine Unter- und Obergrenze, zwischen denen man den richtigen Wert mit einer Wahrscheinlichkeit von annähernd 100% vermutet. Weiterhin nimmt man an, dass die Wahrscheinlichkeit des Auftretens des Messwertes zwischen den Grenzen gleich verteilt ist. Dieses ist wohlgemerkt eine erste Näherung der Realität.

Aufgrund der Möglichkeit, sich die entsprechende Intervallgrenzen mehr oder minder frei wählen zu können, kann man immer ein Intervall wählen, welche geeignet ist, den Unsicherheitsbeitrag

Falls wir abschätzen, dass sich alle Messwerte in einem Intervall der Breite $2a$ befinden und sich dieses symmetrisch um einen angenommenen Mittelwert (oder Erwartungswert) x_0 einer Messung erstreckt, ergeben sich die Intervallgrenzen von x_0-a und x_0+a. Innerhalb des Intervalls sollen die möglichen Werte gleichberechtigt auftreten (Annahme!). Demnach wäre die Dichtefunktion, welche die normierte Fläche $A = 1$ haben soll, stückweise stetig definiert zu:

$$\rho(x)\Big|_{-\infty}^{x_0-a} = 0 \; ; \quad \rho(x)\Big|_{x_0-a}^{x_0+a} = \frac{1}{2a} \; ; \quad \rho(x)\Big|_{x_0+a}^{\infty} = 0$$

Gleichung 3.5-1: Dichtefunktion der Rechteckverteilung

Das Flächenmaß A = 1 entspricht einer kummulierten Wahrscheinlichkeit von 100%.

Alle möglichen Messwerte erhalten wir durch Integration über den Wertebereich von x. Hierbei liefern die Intervalle {-∞ ... -a} und {a ... ∞} keinen Beitrag. Wir können dann das zu betrachtende Intervall einschränken, da – per Definition – außerhalb der Grenzen keine Messwerte erwartet werden. Mit der bekannten Dichtefunktion $\rho(x)$ kann man zudem noch den Erwartungswert μ der Messung ermitteln. Er wird wie folgt aus der Dichtefunktion ermittelt:

$$\mu(x) = \int_{-\infty}^{\infty} x \cdot \rho(x) dx$$

Gleichung 3.5-2: Erwartungswert eines Messergebnisses

Der Erwartungswert ist der für Funktionen definierte Begriff, welcher in etwa dem Mittelwert einer Reihe entspricht.

Gängige Formelzeichen für den Erwartungswert wären E, μ, oder in Anlehnung an den Messwertbegriff auch M. Für die Rechteckverteilung wäre der Erwartungswert (integriert wird die Funktion x/a über die Intervallbreite 2a):

$$\mu(x) = \int_{x_0-a}^{x_0+a} \frac{x}{2a} dx = \left[\frac{x^2}{4a}\right]_{x_0-a}^{x_0+a}$$
$$= \left(\frac{1}{4a}(x_0+a)^2\right) - \left(\frac{1}{4a}(x_0-a)^2\right)$$
$$= \frac{1}{4a}\left((x_0+a)^2 - (x_0-a)^2\right) = x_0$$

Gleichung 3.5-3: Erwartungswert bei angenommener Rechteckverteilung

Hieraus ergibt sich x_0 als Mittelwert des Intervalls. Mit den bisher bekannten Größen der Verteilung ist es nun einfach, den Gewichtungsfaktor G zu bestimmen, welchen wir ansetzen müssen, um im Messunsicherheitsbudget eine Messgröße so zu normieren, als würde man von einer (fiktiv angenommenen) Normalverteilung ausgehen. Dieser Gewichtungsfaktor ist gleichbedeutend mit der Varianz der Verteilung. Es gilt also unter Annahme der allgemeinen Bestimmung der Varianz nach...

$$\sigma^2 = \int_{-\infty}^{\infty} x^2 \cdot \rho(x) dx - \mu^2$$

Gleichung 3.5-4: Varianz

σ^2: Varianz
$\rho(x$: Dichtefunktion
μ: Erwartungswert

Gleichung 3.5-4 unterscheidet sich von den bisher bekannten Gleichungen der Varianz, weil sich diese hier auf Funktionen und nicht auf Reihen bezieht. Würde man stattdessen auf Reihen zurückgreifen, würde das Integral durch die Summenbildung und der Erwartungswert durch das arithmetische Mittel ersetzt.

...folgende Gleichung für die Rechteckverteilung:

$$\sigma^2 = \int_{-\infty}^{\infty} x^2 \cdot \rho(x) dx - \mu^2 = \int_{x_0-a}^{x_0+a} x^2 \cdot \frac{1}{a} dx - x_0^2 = \frac{1}{3}a^2$$

Gleichung 3.5-5: Varianz der Rechteckverteilung

Nach einer Normierung der Verteilung über die x-Achse auf a = 1 bleibt als Gewichtungsfaktor für die Verteilung G = σ^2 = 1/3. Der entsprechende Faktor gehört zur Rechteckverteilung in das Messunsicherheitsbudget.

3.5.3 DREIECKVERTEILUNG

Die Annahme der Dreieckverteilung setzt bereits detaillierte Kenntnisse über die mögliche Verteilung der Messwerte voraus. Schon optisch wird deutlich, dass angenommen wird, dass sich die Messwerte in irgendeiner Weise um einen Häufungspunkt (idealerweise der Mittelwert der Messreihe) konzentrieren werden.

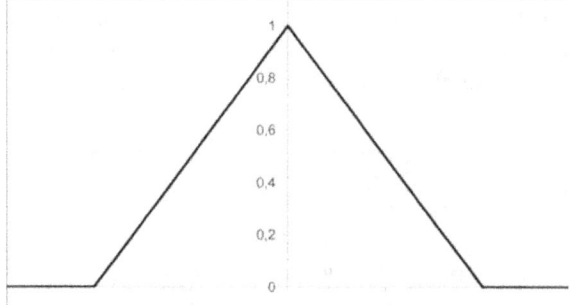

Diagramm 3.5-2: Dreieckverteilung

Eine derartige angenommene Konzentration um den Erwartungswert kann verschiedene Ursachen haben.

Wir reden hier von angenommenen Verteilungen, denn die Dreieckverteilung ist eine hypothetische Verteilung. Eine entsprechende Form wird durch reale Messwertverteilungen nicht erreicht.

Eine mögliche Ursache wäre, wenn sich ein Messwert als Differenz zweier Einflussgrößen ergibt, welche idealerweise mit der gleichen Messanordnung ermittelt wurden (Differenzmessung Prüfling gegen Normal). Einsichtig ist, dass sich alle systematischen Einflüsse der Messanordnung auf die Einflussgrößen der Messungen von Prüfling und Normal gleichermaßen auswirken. In der Differenz *Prüfling - Normal* minimieren sich diese Einflüsse bis auf einen kleinen Rest.

Im mathematischen Sinne liegt dieser Verteilungsform eine Faltung der Rechteckverteilung zu Grunde.

In diesem Falle nutzen wir die → Korrelation zwischen beiden Einflussgrößen, um einen kleineren Messunsicherheitsbeitrag zu erhalten.

Die wiederum auf die Fläche 1 normierte Dichtefunktion der Dreieckverteilung zeigt den symmetrischen Abfall vom Maximalwert 1 bis hin zu 0 an den festen Grenzen von ±a. Außerhalb dieser Grenzen treten - per Definition - keine Messwerte mehr auf.

$$\rho(x)\Big|_{-\infty}^{x_0-a} = 0 \quad, \quad \rho(x)\Big|_{x_0-a}^{x_0+a} = 1 - \frac{1}{a}\cdot|x-x_0|$$

$$\rho(x)\Big|_{x_0+a}^{\infty} = 0$$

Gleichung 3.5-6: Dichtefunktion der Dreieckverteilung

Den Erwartungswert ermitteln wir wieder nach folgender Formel:

$$\mu(x) = \int_{-\infty}^{\infty} x \cdot \rho(x) dx$$

$$= \int_{-a}^{0} x \cdot \left(1 - \frac{1}{a}(x_0 - x)\right) dx + \int_{0}^{a} x \cdot \left(1 - \frac{1}{a}(x - x_0)\right) dx$$

$$= x_0$$

Gleichung 3.5-7: Erwartungswert der Dreieckverteilung

Aufgrund der größeren Nähe der Messwerte zum Häufungspunkt lässt sich eine deutlich geringere Varianz als bei der Rechteckverteilung erwarten:

$$\sigma^2 = \int_{-\infty}^{\infty} x^2 \cdot \rho(x)dx - \mu^2$$

$$= \int_{x_0-a}^{x_0+a} x^2 \cdot \left(1 - \frac{1}{a}|x - x_0|\right)dx - x_0^2 = \frac{1}{6}a^2$$

Gleichung 3.5-8: Varianz der Dreieckverteilung

Folglich müssen wir eine Dreieckverteilung auch anders im Messunsicherheitsbudget gewichten. Anstatt des Faktors $G = 1/3$ für die Rechteckverteilung setzen wir nun $G = 1/6$ an, um den Bezug zu einer Normalverteilung mit vergleichbaren Intervallgrenzen von ±a zu wahren.

Ein weiterer Ansatz für die Dreieckverteilung ist, wenn die Messunsicherheit einer Einflussgröße zunächst in gewissen Intervallgrenzen angesetzt wird; zugleich aber davon ausgegangen werden kann, dass diese Intervallgrenzen in der Praxis nicht ausgenutzt werden.

BEISPIEL: Bei einem Nulldetektor liegt das Bestreben darin, einen Nullabgleich an einer Anzeige zu erreichen. Durch ein persönliches Eingreifen, um den Nullwert zu erreichen, minimiert sich zugleich die Dichte der Messwerte abseits dieses Nullwertes und eine natürliche Häufung in der Mitte des angenommenen Intervalls wird zu beobachten sein. Hier kann man zur Abschätzung des Intervalls der Unsicherheit der Ablesung eher eine Dreieck- als eine Rechteckverteilung annehmen.

3.5.4 TRAPEZ-VERTEILUNG

Kombiniert man zwei Einflussgrößen mit Rechteckverteilungen unterschiedlicher Breiten a und b zu einem (Teil-)Budget, erhalten wir die Trapezverteilung (Es wäre eine Dreieckverteilung, wenn beide Einflussgrößen gleich groß wären).

Interessanterweise wird diese Verteilung in der Praxis selten angesetzt, obwohl es etliche Fälle gibt, in denen nur zwei Einflussgrößen zusammen betrachtet werden.

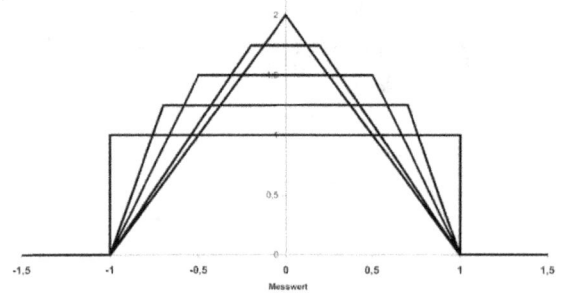

Diagramm 3.5-3: Trapezverteilung

Je nach Verhältnis der beiden zu kombinierenden Rechteckverteilungen liegt die resultierende Verteilung zwischen einer Rechteck- und einer Dreieckverteilung.

Die Dichtefunktion der Trapezverteilung wird im Gegensatz zu den bereits besprochenen Verteilungen durch jeweils zwei markante Punkte, welche symmetrisch zum Erwartungswert zu finden sind, charakterisiert. Wiederum sollen – per Definition – die Grenzen der Verteilung bei ±a zu finden sein (Randbedingung a > b). Dann finden wir einen weiteren Punkt bei ±b, welcher den Übergang von den Schrägen zum Funktionsdach markiert. Daher ist die Verteilfunktion in fünf Bereichen zu definieren:

$$\rho(x)\Big|_{-\infty}^{x_0-a} = 0 \; ; \; \rho(x)\Big|_{x_0-a}^{x_0-b} = \frac{c}{b-a}(a+x) \; ; \; \rho(x)\Big|_{-b}^{+b} = c \; ;$$

$$\rho(x)\Big|_{x_0+b}^{x_0+a} = \frac{c}{a-b}(a-x) \; ; \; \rho(x)\Big|_{x_0+a}^{\infty} = 0$$

Gleichung 3.5-9: Dichtefunktion der Trapezverteilung (I)

Etwas komplexer gestaltet sich diesmal die Normierung der Fläche auf den Wert 1, um zu den bisher behandelten Fällen gleiche Rahmenbedingungen zu schaffen. Hierbei machen wir uns zu Nutze, dass der Flächeninhalt dieser geometrischen Form wie folgt bestimmbar ist:

MESSUNSICHERHEITSANALYSE

Wenn man das Trapez durch die Grundseiten $2a$ und $2b$ und die Höhe c beschreibt, kann man über den gewünschten, normierten Flächeninhalt von $A = 1$ die Höhe c bestimmen. Für diesen Wert (den späteren Funktionswert) erhalten wir dann:

$$A = \frac{(2a+2b) \cdot c}{2} = 1 \; ; \quad \frac{(2a+2b) \cdot c}{2} = \frac{2}{(2a+2b)} = \frac{1}{a+b} \; ;$$

$$\frac{(2a+2b) \cdot c}{2} = 1 \; ; \quad c = \frac{2}{2a+2b} = \frac{1}{a+b}$$

Gleichung 3.5-10: Normierte Fläche des Trapez

Die normierte Dichtefunktion:

$$\rho(x)\Big|_{-\infty}^{x_0-a} = 0 \; ; \quad \rho(x)\Big|_{x_0-a}^{x_0-b} = \frac{(a+x)}{b^2-a^2} \; ; \quad \rho(x)\Big|_{-b}^{+b} = \frac{1}{a+b}$$

$$; \quad \rho(x)\Big|_{x_0+b}^{x_0+a} = \frac{(a-x)}{a^2-b^2} \; ; \quad \rho(x)\Big|_{x_0+a}^{\infty} = 0$$

Gleichung 3.5-11: Dichtefunktion der Trapezverteilung (I)

Für den Erwartungswert machen wir es uns einfach und greifen auf die Formulierung „aus Symmetriegründen muss folgen,..." zurück und erhalten:

$$\mu_{Trapez} = x_0.$$

Die Ermittlung der Varianz ist ebenfalls etwas komplexer, weil sie vom Verhältnis der Größen a und b zueinander abhängig ist. Daher kann auch der Gewichtungsfaktor G ohne konkretere Betrachtung der Varianzen der Einflussgrößen nicht eindeutig festgelegt werden. Jedoch kann man vorab sagen, dass er zwischen den Gewichtungsfaktoren der Rechteckverteilung, $G = 1/3$, und der Dreieckverteilung $G = 1/6$, liegen wird.

$$\sigma^2 = \int_{-\infty}^{\infty} x^2 \cdot \rho(x) dx - \mu^2$$

$$= \int_{x_0-a}^{x_0-b} x^2 \cdot \frac{a+x}{b^2-a^2} dx + \int_{x_0-b}^{x_0+b} x^2 \cdot \frac{1}{a+b} dx$$

$$+ \int_{x_0+b}^{x_0+a} x^2 \cdot \frac{a-x}{a^2-b^2} dx - x_0^2$$

Gleichung 3.5-12: Varianz der Trapezverteilung (I)

Zur Vereinfachung des Lösungsweges skizzieren wir die notwendigen Schritte für $x_0 = 0$. Eine Verschiebung auf der x-Achse hin zu einem anderen Erwartungswert ändert die Varianz nicht. Zu lösen wäre demnach:

$$\sigma^2 = \left[\frac{1}{3} \frac{a}{b^2-a^2} x^3 + \frac{1}{4} \frac{1}{b^2-a^2} x^4\right]_{-a}^{-b}$$

$$+ \left[\frac{1}{3} \frac{1}{a+b} x^3\right]_{-b}^{+b} + \left[\frac{1}{3} \frac{a}{a^2-b^2} x^3 - \frac{1}{4} \frac{1}{a^2-b^2} x^4\right]_{+b}^{+a}$$

Gleichung 3.5-13: Varianz der Trapezverteilung (II)

Man gelangt zu:

$$\sigma^2 = \frac{1}{6} a^2 \left(1 + \frac{b^2}{a^2}\right)$$

Gleichung 3.5-14: Varianz der Trapezverteilung (III)

Normiert man das Intervall wieder über die x-Achse, wie wir dies bereits bei den zuvor besprochenen Verteilungen gemacht haben, erhalten wir den Gewichtungsfaktor G:

$$G = \frac{1}{6}\left(1 + \frac{b^2}{a^2}\right)$$

Gleichung 3.5-15: Gewichtungsfaktor der Trapezverteilung

3.5.5 U-Verteilung (Arcussinus-Verteilung)

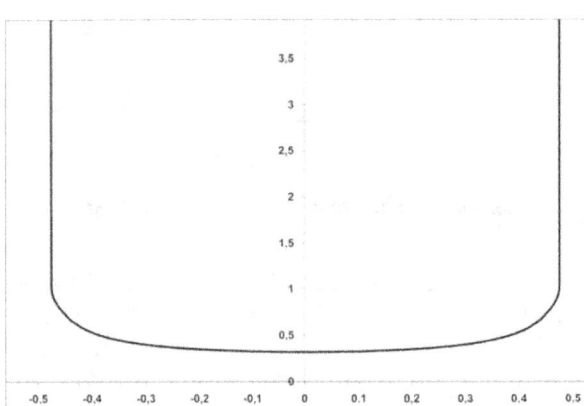

Bei Verfeinerung der Klassen ändert sich das Aussehen der Häufigkeitsverteilung geringfügig und im Bereich des Erwartungswertes (Mitte) wird die Häufigkeitswahrscheinlichkeit etwas geringer.

Diagramm 3.5-4: U-Verteilung

U-Verteilungen werden nur in einigen wenigen Bereichen verwendet. Da sind sie jedoch von besonderer Bedeutung, da sie mit ½ einen großen Gewichtungsfaktor hat. Hierbei handelt es sich um die Betrachtung winkelabhängiger Größen, bei denen die Einflussgröße durchaus im ganzen Winkelbereich von $\pm\pi$ oder deren Vielfachen liegen kann. Typische Fälle hierfür sind zum Beispiel harmonische Schwingungen oder Reflexionen an Stoßstellen in Hochfrequenzleitungen. Hier werden Phasen(lagen) gemessen und die kleinsten angebbaren Messunsicherheiten können leicht ein Vielfaches einer Schwingung betragen. Da jedoch der Bildbereich der Winkelfunktionen Sinus und Cosinus aufgrund ihrer Transzendenz auf ± 1 (oder nach Normierung auf $\pm a$) beschränkt ist, ist auch eine Transformation der Messunsicherheit der Einflussgröße von $\pm\infty$ auf ± 1 notwendig. Wo Messunsicherheiten klein gegenüber einer ganzen Schwingung sind, ist die Verwendung der U-Verteilung nicht sinnvoll.

Ansonsten liegt bei der Betrachtung eine Größe zugrunde, welche von der Funktion $\sin(\varphi)$ (oder $\cos(\varphi)$) direkt abhängig ist und deren Wahrscheinlichkeitsdichte gleichbleibend über den Phasenwinkel ist.

Das Argument φ der periodischen Funktion $\sin(\varphi)$ könnte eine rechteckverteilte Wahrscheinlichkeit aufweisen. Nach der Projektion der Rechteckverteilung auf das Bildintervall des Sinus von $\pm 1 \cdot$ Amplitudenfaktor verschiebt sich dieses Bild. Das Bildintervall entspricht dann der Amplitude des Sinus und gleichzeitig unserem bekannten Intervall $\pm a$.

Die Herleitung der Dichtefunktion ist komplex. Betrachten wir zunächst den einfachen Ansatz: Der Grundgedanke ist, die Sinus-Funktion unter den eingangs dargestellten Randbedingungen auf die Rechteckverteilung anzuwenden. Anschließend kann man durch Betrachtung des Bildbereichs zu einer Wahrscheinlichkeitsverteilung übergehen, welche nicht mehr an konkreten, einzelnen Werten verankert werden muss. Legt man nun noch weitere Voraussetzung fest, wie zum Beispiel, dass die Intervallmitte x_0 bei einem beliebigen, aber festen Phasenwinkel liegt und dass man sich auf dem Einheitskreis nicht weiter, als maximal $\pm\pi/2$ von diesem Punkt entfernen kann, sind die wesentlichen Voraussetzungen definiert.

Nun gibt man eine gleichverteilte Datenmenge als Einflussgröße vor (die Einflussgröße folgt der Rechteckverteilung) und wendet auf jeden einzelnen Punkt die Sinusfunktion an. Die Ergebnisse ordnet man hinterher nach der Häufigkeit ihres Auftretens (in Klassen). Diese Häufigkeiten können über den Wertebereich aufgetragen werden. Die U-Verteilung ist dann deutlich zu erkennen. Die Varianz ist aufgrund der höheren Wahrscheinlichkeitsdichte an den Rändern des Intervalls natürlich größer als in allen zuvor betrachteten Verteilungen:

$$\sigma^2 = \frac{1}{2}a^2$$

Gleichung 3.5-16: Varianz der U-Verteilung

MESSUNSICHERHEITSANALYSE

Daher ist der Gewichtungsfaktor G = $^1/_2$ in Messunsicherheitsbudgets zu übernehmen.

Betrachten wir nun eine mathematisch formale Herleitung der U-Verteilung. Dies ist gleichzeitig ein etwas anderer Weg zum Gewichtungsfaktor G: Die (harmonische) Schwingung definiert man zum Beispiel in Abhängigkeit von der Wellenlänge 2π und der Zeit t wie folgt:

$$y(t) = a \cdot \sin(2\pi t)$$

Gleichung 3.5-17: Harmonische Schwingung (zugleich die Modellfunktion)

Bei der Dichteverteilung interessiert uns die Aufenthaltswahrscheinlickeit des Funktionswertes y zum Zeitpunkt t. Hierzu lösen wir Gleichung 3.5-17 zunächst nach t auf...

$$\frac{1}{2\pi}\arcsin\left(\frac{y}{a}\right) = t(y)$$

Gleichung 3.5-18: Umgestellte Sinusfunktion

...und leiten die Funktion partiell nach y hin ab, was zu einer (noch nicht normierten) Wahrscheinlichkeitsdichte führt:

$$\frac{dt}{dy}\left[\frac{1}{2\pi}\arcsin\left(\frac{y}{a}\right)\right] = \frac{1}{2\pi a}\left(1 - \frac{y^2}{a^2}\right)^{-\frac{1}{2}}$$

Gleichung 3.5-19: Ableitung der umgestellten Sinusfunktion

Die Normierung der Wahrscheinlichkeitsdichte auf einen Gesamtwert von 1 haben wir bereits mehrfach gezeigt. Man muss hierzu den soeben in Gleichung 3.5-19 hergeleiteten Term durch das Integral über alle auftretenden Werte teilen. Wir betrachten die Funktion wieder im Definitionsbereich von ±a:

$$G = \int_{-a}^{+a}\frac{\partial t}{\partial y}dy = \frac{1}{2\pi}\int_{-a}^{+a}\left(a^2 - y^2\right)^{-\frac{1}{2}}dy$$

$$= \frac{1}{2\pi}\left[\arcsin\left(\frac{y}{a}\right)\right]_{-a}^{+a} = \frac{1}{2\pi}\left[\frac{\pi}{2} + \frac{\pi}{2}\right] = \frac{1}{2}$$

Gleichung 3.5-20: Integral über die Wahrscheinlichkeitsverteilung

Wobei wir nun wieder den Gewichtungsfaktor als Ergebnis über die Normierung erhalten haben. Die weiteren Kenngrößen der U-Verteilung kann man wie folgt bestimmen. Wir gehen zunächst von folgender Modellfunktion aus:

$$y(\varphi) = a \cdot \sin(\varphi)$$

Gleichung 3.5-21: Harmonische Schwingung (zugleich die Modellfunktion)

Der Erwartungswert ergibt sich wie folgt nach Umformen der Gleichung...

$$\mu(x) = \frac{1}{2a}\int_{-a}^{+a} x \cdot \rho(x)dx$$

Gleichung 3.5-22: Erwartungswert (allgemein)

...in folgende Form:

$$\mu(\varphi) = \frac{a}{2\pi}\int_{-\pi}^{+\pi}\sin(\varphi)d\varphi = \frac{a}{2\pi}\left[\cos(\varphi)\right]_{-\pi}^{+\pi}$$

$$= \frac{a}{2\pi}\left[\cos(\pi) - \cos(-\pi)\right] = 0$$

Gleichung 3.5-23: Erwartungswert der U-Verteilung

Der Erwartungswert liegt also in der Intervallmitte bei $\varphi = 0$. Bei der Bestimmung der Varianz gehen wir ähnlich vor und entwickeln aus...

$$\sigma^2 = \int_{-\infty}^{\infty} x^2 \cdot \rho(x)dx - \mu^2$$

Gleichung 3.5-24

3 MESSUNSICHERHEITSANALYSE

...zunächst:

$$\sigma^2 = \int_{-\pi}^{\pi} \varphi^2 \cdot \rho(\varphi)d\varphi - \mu(\varphi)^2$$

Gleichung 3.5-25: Varianz der U-Verteilung

...um dann die Dichtefunktion und den Erwartungswert einzusetzen, sowie um die Funktion mittels $(2\pi)^{-1}$ zu normieren, damit die Gesamtwahrscheinlichkeit wiederum 1 beträgt:

$$\sigma^2 = \frac{1}{2\pi} \int_{-\pi}^{\pi} \varphi^2 \cdot \sin^2(\varphi)d\varphi - 0^2$$

Gleichung 3.5-26

Nach partieller Integration erhält man dann die Varianz $\sigma = \frac{1}{2}$.

3.5.6   NORMALVERTEILUNG

Eine Normalverteilung nimmt man bei beobachteten und messtechnisch über Reihen ermittelten Größen an. Messreihen mit ausreichend vielen einzelnen Ablesungen liegen in den meisten Fällen normal verteilt vor. Wurden diese Größen empirisch ermittelt, nennt diese auch „Einflussgrößen von Typ A". Die besondere Bedeutung der Normalverteilung für die statistische Auswertung von Stichproben geht auf den zentralen Grenzwertsatz zurück.

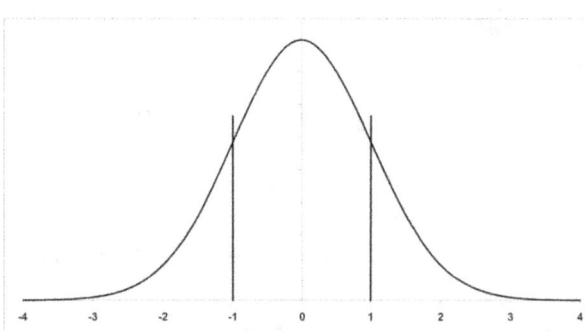

Diagramm 3.5-5: Normierte und zentrierte Normalverteilung

Im Falle von Beobachtungen sollte sichergestellt werden, dass eine ausreichend große Datenmenge ausgewertet wurde. Ansonsten muss man auf eine Studentverteilung oder auf eine empirische Ermittlung der Varianz zurückgreifen. In den meisten Fällen ist dies jedoch nicht notwendig. Nach einer Reihenentwicklung mit diskreten Elementen – deren Anzahl bei gleichzeitig geringer werdenden Breite der jeweiligen Intervalle über x wächst, kommt man zur Normalverteilung. Unter Einbringung obiger Annahmen als Randbedingung erhält man die Gleichung der zentrierten und normierten Normalverteilung. Dies ist zugleich unsere Dichtefunktion der Wahrscheinlichkeitsverteilung:

$$\rho(x) = \frac{1}{\sqrt{2\pi}} e^{-\frac{x^2}{2}}$$

Gleichung 3.5-27: Glockenkurve (Dichtefunktion der Normalverteilung)

Die zentrierte und normierte Normalverteilung wird als Ausgangsgleichung vieler Betrachtungen der Stochastik benutzt. Normiert heißt, dass die Fläche unter der Funktion bereits auf 1 normiert ist. Zentriert ist die Funktion, weil sie symmetrisch zu $x = 0$ ist.

Die Dichtefunktion soll wiederum die Bedingung der Normierung auf 1 erfüllen. Der Faktor $1/\sqrt{(2\pi)}$ gewährleistet dieses bereits. Für den Übergang zu einem Messwert ungleich 0 muss x durch $(x-x_0)$ ersetzt werden. Da die Funktion keine Grenzen hat (oder anders formuliert: im Intervall $\pm\infty$ definiert ist) muss dann gelten:

$$\int_{-\infty}^{+\infty} \frac{1}{\sqrt{2\pi}} e^{-\frac{(x-x_0)^2}{2}} dx = 1$$

Gleichung 3.5-28: Gesamtwahrscheinlichkeit der Normalverteilung

Den Erwartungswert x_0 ermitteln wir wieder nach folgender Formel:

$$\mu(x) = \frac{1}{\sqrt{2\pi}} \int_{-\infty}^{\infty} x \cdot e^{-\frac{(x-x_0)^2}{2}} dx = x_0$$

Gleichung 3.5-29: Erwartungswert der Normalverteilung

Und die Varianz der Normalverteilung kann man wie folgt bestimmen:

$$\sigma^2 = \int_{-\infty}^{\infty} x^2 \cdot \rho(x) dx - \mu^2$$

$$= \frac{1}{\sqrt{2\pi}} \int_{-\infty}^{+\infty} x^2 \cdot e^{-\frac{(x-x_0)^2}{2}} dx - \mu^2 = 1$$

Gleichung 3.5-30: Varianz der Normalverteilung

Der Gewichtungsfaktor der Normalverteilung im Messunsicherheitsbudget ist 1 und damit größer als bei den anderen Verteilungen.

→ Kleine Anzahl von Messwerten: Kapitel 3.5.7, „Studentverteilung", Seite 33

3.5.7 STUDENTVERTEILUNG

Wenn man Messwerte empirisch ermittelt, erhält man eine endliche Anzahl von Messwerten. Je geringer diese Datenmenge ist, auf die sich die Messwertermittlung abstützen kann, desto unsicherer ist die Annahme, dass der Verteilung dieser Reihe die Normalverteilung zu Grunde liegt. Es gibt diverse verschiedene Annahmen, auf die man sich hierbei abstützt. Einige sagen, sobald man zehn oder elf Messwerte in der Datenmenge auswerten kann, ist die Annahme der Normalverteilung gerechtfertigt. Andere reden von 21 Werten und wiederum andere gehen immer von der Normalverteilung aus.

Mit fünfzig Messwerten ist man auf der sicheren Seite. Denn dann ist der Freiheitsgrad der Reihe ausreichend groß und man muss Vertrauensintervalle nicht zusätzlich vergrößern, um das gleiche Vertrauensintervall der Normalverteilung zu erhalten.

Konkrete Kriterien werden wir nachher vorstellen, wenn hierzu der sogenannte t- oder Studentfaktor vorgestellt wird. Genaugenommen kann man die Normalverteilung erst dann als gegeben ansehen, wenn eine zufallsverteilte Reihe (!) mit unendlich vielen Elementen vorliegt. In der Praxis ist dies nie der Fall. Benötigt wird also eine Funktion, welche einerseits für eine kleine Menge von Daten D_n eine zuverlässige Aussage über deren mögliche Verteilung erlaubt, aber andererseits für eine große Datenmenge D_n gegen die Normalverteilung als Grenzwertfunktion strebt.

1908 veröffentlichte der Mathematiker W.S. Gosset seine Untersuchungen zur Problematik unter dem Pseudonym STUDENT. Da rührt noch heute der Begriff her.

Für die Entwicklung der Studentverteilung sei uns ein kleiner Ausflug in die Mathematik gestattet: Wir definieren zuerst die Γ-Funktion als Hilfe zur Darstellung der Studentverteilung. Gauß führte folgende Produktdarstellung der Funktion ein:

$$\Gamma(\xi) = \lim_{n \to \infty} n^\xi \frac{(n-1)!}{\xi \cdot (\xi+1) \cdot (\xi+2) \cdot \ldots \cdot (\xi+n-1)} \quad \text{für } \xi > 0$$

Gleichung 3.5-31: Gauß'sche Produktdarstellung der Γ-Funktion

Die Student-Verteilung hat in der Statistik, der Reihenentwicklungen und der Parameterintegrale eine wichtige Bedeutung, zum Beispiel als Verallgemeinerung des für natürliche Zahlen geltenden Begriffs der Fakultät für Funktionen.

Hieraus ergibt sich dann folgendes Integral (Euler'sches Integral zweiter Ordnung):

$$\Gamma(\xi) = \int_0^{+\infty} e^{-\xi} \cdot \xi^{x-1} d\xi \quad \text{für } \xi > 0$$

Gleichung 3.5-32: Euler'sches Integral zur Darstellung der Γ-Funktion (I)

Im Weiteren interessieren uns zwei spezifische Funktionswerte des Integrals (jeweils für die Freiheitsgrade (ν+1)/2 und für ν/2) als Integrationsparameter ξ:

$$\Gamma\left(\frac{\nu+1}{2}\right) = \int_0^{+\infty} e^{-\xi} \cdot \xi^{\frac{\nu-1}{2}} d\xi \quad \text{und}$$

$$\Gamma\left(\frac{\nu}{2}\right) = \int_0^{+\infty} e^{-\xi} \cdot \xi^{\frac{\nu-2}{2}} d\xi$$

Gleichungen 3.5-33 und 3.5-34: Euler'sches Integral zur Darstellung der Γ-Funktion (II)

In folgender Funktion finden wir eine Dichtefunktion, welche den zuvor gestellten Ansprüchen genügt:

$$\rho(x,\nu) = \frac{1}{\sqrt{\pi \nu}} \cdot \frac{\Gamma\left(\frac{\nu+1}{2}\right)}{\Gamma\left(\frac{\nu}{2}\right) \cdot \left(1 + \frac{x^2}{\nu}\right)^{\frac{\nu+1}{2}}}$$

Abbildung 3.5-1: Studentverteilung

→ Kapitel 3.8, „Der Freiheitsgrad einer Größe", Seite 48

Zuerst fällt auf, dass diese Funktion scheinbar nicht von der Datenmenge abhängig ist. Dennoch ist diese Abhängigkeit über den Freiheitsgrad ν der Datenmenge gegeben. Auf den Freiheitsgrad werden wir noch genauer eingehen.

ν [griech]: ny

Die Studentfunktion hat als wesentliche Abhängigkeit neben der Größe x den Parameter ν (daher auch der Begriff Parameterintegral); ist demnach vom Freiheitsgrad einer Datenmenge D_n oder von der Anzahl der genommenen Messwerte n – abhängig. Ansonsten gilt, dass sie ähnlich der Normalverteilung gestaltet ist. Sie ist symmetrisch zum Erwartungswert μ, wo sie ihr Maximum hat und fällt dann stetig mit wachsendem Abstand von μ ab. Für den Grenzwert $\nu \to \infty$ gelangen wir dann wieder zur Normalverteilung, was auch nicht verwundern sollte, weil wir dann von einer Stichprobenmenge zur Gesamtheit übergehen, auf welche die Normalverteilung definiert ist.

Die Abweichung zwischen Studentfunktion und der Normalverteilung wird durch den Studentfaktor t beschrieben, welcher einfach entsprechenden Tabellen entnommen werden kann. Für t gilt folgende Definition:

$$t = \frac{|x_0 - \mu|}{\frac{s}{\sqrt{n}}}$$

Gleichung 3.5-35: Definition Studentfaktor t

Der Parameter kann als Erweiterungsfaktor betrachtet werden, welcher zu einer Größe zu multiplizieren ist, um die gleiche Überdeckungswahrscheinlichkeit zu erhalten, wie für die Normalverteilung. Folgende Tabelle listet einige Werte des Studentfaktors.

MESSUNSICHERHEITSANALYSE

FREIHEITSGRAD ν	ANZAHL DER EINZEL-MESSUNGEN N	ENTSPRICHT EINER ÜBERDECKUNGSWAHRSCHEINLICHKEIT S_S VON...				
		0,683 ($\approx 1\sigma$)	0,90	0,95 ($\approx 2\sigma$)	0,99 ($\approx 3\sigma$)	0,999 ($\approx 4\sigma$)
1	2	1,84	6,31	12,71	63,7	636
2	3	1,32	2,92	4,30	9,93	31,6
3	4	1,20	2,35	3,18	5,84	12,9
4	5	1,14	2,13	2,78	4,60	8,61
5	6	1,11	2,02	2,57	4,03	6,87
7	8	1,08	1,89	2,37	3,50	5,41
9	10	1,06	1,83	2,26	3,25	4,78
19	20	1,03	1,73	2,09	2,86	3,86
49	50	1,01	1,68	2,01	2,68	3,65
99	100	1,01	1,66	1,98	2,63	3,65
∞	∞	1,00	1,65	1,96	2,58	3,29

Tabelle 3.5-1: Studentfaktor t

Beispiel: Bestimmt man die Varianz, σ, einer (genügend großen) Messreihe gemäß...

$$\sigma = \frac{n \sum_{i=1}^{n} x_i^2 - \left(\sum_{i=1}^{n} x_i\right)^2}{n(n-1)}$$

Gleichung 3.5-36: Varianz einer Reihe

...erhält man ein Intervall $\{\mu-\sigma, \mu+\sigma\}$, in dessen Grenzen etwa 68% aller Messwerte liegen. Hat man jedoch weniger Messwerte – sagen wir 5 – so ist der für σ ermittelte Wert mit dem Tabellenwert des Studentfaktors für den Freiheitsgrad $\nu = 5-1$ zu multiplizieren. Der Multiplikator wäre 1,14. Demnach verbreitert sich das Intervall. Möchte man – basierend auf diesen fünf Werten – eine Aussage mit einer Überdeckungswahrscheinlichkeit von $S_S = 0,99$ treffen, so wäre die ermittelte Varianz mit 4,6 zu multiplizieren.

Den Erwartungswert kann man wieder nach folgender Formel ermitteln:

$$\mu(x) = \int_{-\infty}^{\infty} x \cdot \rho(x) dx = \int_{-a}^{0} \frac{x}{\sqrt{\pi \nu}} \cdot \frac{\Gamma\left(\frac{\nu+1}{2}\right)}{\Gamma\left(\frac{\nu}{2}\right)} \cdot \frac{1}{\left(1+\frac{x^2}{\nu}\right)^{\frac{\nu+1}{2}}} dx$$

Gleichung 3.5-37: Erwartungswert der Studentverteilung

3.5.8 Beispiele zur Auswahl von Verteilungen

In der Praxis wird man recht schnell feststellen, dass man selten mehr als drei Verteilungsformen nutzen wird. Am geläufigsten sind hierbei die Normal-, die Rechteck und die Dreieckverteilung; wobei letztere schon seltener angewendet wird. In der Hochfrequenztechnik, wo man häufig mit Reflexionen und deren Phasenabhängigkeit rechnet, wird zudem die U-Verteilung gelegentlich genutzt. Wenn man von der empirischen Betrachtung - bei der computerunterstützten Auswertung absieht – treten alle weiteren Verteilungen in ihrer Bedeutung in den Hintergrund.

Folgende Tabelle ordnet den verschiedenen Verteilungen Beispielen zu. Gelegentlich ist die Zuordnung zu verschiedenen Verteilungen möglich. Es kommt herbei immer auf die zu Grunde liegende Begründung an, denn letztendlich sind die meisten Einschätzungen Annahmen auf der Basis der vorliegenden Kenntnisse. Das Einbringen von zusätzlichen Kenntnissen könnte zu einer anderen Annahme führen.

	Beispiel	Begründung
Normal	Übernommene Messwerte aus Kalibrier- und Prüfscheinen	Messwerte werden unter der Annahme der Normalverteilung weitergegeben, sofern keine anderslautenden Angaben vermerkt wurden. Ein entsprechender Erweiterungsfaktor ist mit angegeben. (siehe auch Rechteckverteilung)
Normal	Messwerte aus Firmenhandbüchern und vergleichbaren Geräteunterlagen	Neuere Unterlagen nutzen manchmal die Normalverteilung mit dem Vertrauensniveau $S_S = 0{,}95$, oder $k = 2$. Dies wird dann aber auch explizit angegeben. Ansonsten ist die Rechteckverteilung anzunehmen.
Normal	Mittels Messreihe empirisch ermittelte Messwerte	Die Messreihe liefert eine Information zur Varianz. Empirisch ermittelte Werte sind bei einer genügend großen Datenbasis normal verteilt.
Rechteck	Übernommene Messwerte aus Kalibrier- und Prüfscheinen	Bei unkonkreten Informationsquellen – wie aus alten Handbüchern – ist es möglich, dass keine Information über die zugrunde liegende Verteilung vorausgesetzt werden können. Zur Sicherheit nimmt man die Rechteckverteilung an.
Rechteck	Abgeschätzte Größen ohne gesicherte Informationen	Die Rechteckverteilung ist die einfachste Verteilung und immer dort anwendbar, wenn keine weiteren Informationen vorliegen.
Rechteck	Ablesung von Digitalanzeigen	Im Intervall von ±1/2 vom angezeigten Least Significant Bit (Wert der kleinsten darstellbaren Auflösung) liegt der Messwert mit gleicher Wahrscheinlichkeit.
Rechteck	Drift eines Bezugnormals <u>ohne</u> bekannte Historie	Die Drift muss auf der Basis unsicherer Erkenntnisse – zum Beispiel durch Vergleich mit Normalen – abgeschätzt werden.

Messunsicherheitsanalyse

	Beispiel	Begründung
	Drift eines Bezugsnormals mit <u>bekannter</u> Historie seit der letzten Kalibrierung	Vielleicht kann aufgrund einer erkannten Systematik ein Teil der Drift korrigiert werden. Jedoch bleibt ein statistischer Teil, welcher geringer ist, als zuvor, und auch nur abgeschätzt werden kann.
	Thermospannungen auf NF-Leitungen	Statistisch verteilte Größe, welche normalerweise nicht eindeutig ermittelt werden kann. Typische Schätzgröße.
	Nichtlineare Messmittel	Abweichung von der idealen Kennlinie im Betriebsbereich führen zu schätzbaren Messunsicherheitseinflüssen.
	Nullpunktdrift	Rechteckverteilung, solange keine Systematik erkannt wird und diese daher nicht korrigiert werden kann.
Dreieck	Null-Indikator Messwerke mit einer Vorzugslage um einen Nullwert	Manuelle oder automatische Nullstellung. Es liegt das Bestreben vor, einen Nullwert einzustellen, daher ist Null der wahrscheinlichste Wert.
	Doppelte Messung mit gleicher Messanordnung	Die Dreieckverteilung ist die erste Faltung der Rechteckverteilung. Vergleichs- oder Differenzmessungen auf der gleichen Messanordnung sind daher korreliert.
Trapez	Zusammenfassung zweier Einflussgrößen	Werden zwei Einflussgrößen mit <u>unterschiedlicher Rechteckverteilung</u> zu einem Teilbudget zusammengefasst, erhalten wir weder eine Dreieckverteilung und auch keine Normalverteilung. Es wird eine Trapezverteilung eingenommen.
U	Reflexion auf Leitungen	Wo immer Messunsicherheitseinflüsse über eine Winkelfunktion mit der Einflussgröße verknüpft werden, wird die U-Verteilung angenommen. Sie hat Grenzen, welche wahrscheinlicher sind, als der Erwartungswert selber.
	Fehlanpassung	→ Reflexion
	Periodische Vorgänge	Vorgänge, bei welchen sich der Messunsicherheitseinfluss über die Anwendung einer periodischen Funktion auswirkt.
Student	bei kleiner Anzahl von empirisch ermittelten Messwerten	Die Studentverteilung erweitert die Theorie der Normalverteilung für Stichprobenumfänge, welche nur wenige Messungen berücksichtigen.

Tabelle 3.5-2: Verteilungen

3.6 SENSITIVITÄTSKOEFFIZIENTEN

Beim Aufstellen der Modellgleichung (→ 3.4, Seite 19) haben wir schon gezeigt, dass die Wahl der Art und Weise, wie wir die Messunsicherheitseinflüsse berücksichtigen wollen, später das Aussehen des Messunsicherheitsbudgets mit beeinflussen wird. Insbesondere trifft dies auf die Unterscheidung nach relativer oder absoluter Einflussgrößen zu. Am Ergebnis darf sich jedoch nichts ändern. In erster Linie sind von der Wahl der Ansätze die Sensitivitätskoeffizienten betroffen, denn diese ergeben sich automatisch aus den partiellen Ableitungen der Modellfunktion nach den jeweiligen Einflussgrößen.

Die Sensitivitätskoeffizienten stellen dar, mit welcher Empfindlichkeit das Ergebnis einer Messung von einer Einflussgröße abhängig ist. Sie ergeben sich aus der Modellgleichung durch partielle Ableitung nach den jeweiligen Einflussgrößen.

Definition 3.6-1: Sensitivitätskoeffizient

Ansatz für die Ermittlung der Sensitivitätskoeffizienten ist die Gauß'schen Fehlerfortpflanzung, welche wir zum Beispiel bereits als goldene Gleichung der Messunsicherheitsbetrachtung vorgestellt haben:

$$U_K = k \cdot \sqrt{\sum_{i=1}^{n} \left(\sqrt{G_i} \cdot c_i \cdot a_i \right)^2}$$

Gleichung 3.6-1: Die „goldene" Gleichung der Messunsicherheitsbestimmung

Hier kann man bereits recht einfach erkennen, dass die jeweiligen Messunsicherheitseinflüsse u_i nicht gleichberechtigt im Budget erscheinen und mit den Faktoren G_i und c_i gewichtet werden. Zur Herleitung von c_i gehen wir noch einen Schritt zurück zu der von Gauß ursprünglich aufgestellten Form:

$$\Delta f = \sqrt{\sum_{i=1}^{n} \left(\frac{\partial f}{\partial x_i} \cdot \Delta x_i \right)^2}$$

Gleichung 3.6-2: Fehlerfortpflanzung nach Gauß

Δf: Für die Messunsicherheit

Δx_i: Für die einzelnen, zu berücksichtigenden Beiträge

$\partial f / \partial x_i$: Partielle Ableitung der Funktionsgleichung $f(x_i)$ nach den einzelnen Einflussgrößen x_i

Ein Koeffizientenvergleich zeigt, dass wir c_i den partiellen Ableitungen der „Fehlerfunktion" zuordnen können. Die partiellen Ableitungen bestimmen also wesentlich den Einfluss einer Einflussgröße im Gesamtbudget.

Beispiel: Haben wir ein einfaches Budget, welches sich lediglich aus additiven Größen zusammensetzt, wie zum Beispiel...

$$l_{ges} = l_{Mess} - l_{Normal} + l_{Zert}$$

Gleichung 3.6-3

...dann ergeben sich recht einfache Sensitivitätskoeffizienten:

$$c_{Mess} = \frac{\partial l_{ges}}{\partial l_{Mess}} = 1 \quad c_{Normal} = \frac{\partial l_{ges}}{\partial l_{Normal}} = -1$$

$$c_{Zert} = \frac{\partial l_{ges}}{\partial l_{Zert}} = 1$$

Gleichungen 3.6-4, 3.6-5 und 3.6-6

In den meisten Fällen ist die Modellgleichung so formulierbar, dass die Sensitivitätskoeffizienten entsprechend einfach sind.

Beispiel: Betrachten wir eine relative Größe:

$$L = l_0 \cdot (1 + \alpha(t - t_0))$$

Gleichung 3.6-7

Dann ermitteln wir für die messunsicherheitsbehaftete Größe *t* den Sensitivitätskoeffizient:

$$c_t = \frac{\partial L}{\partial t} = l_0 \cdot \alpha$$

Gleichung 3.6-8

Die physikalische Dimension hierzu ist $\{m\}\{K^{-1}\}$; das Messergebnis kann entweder relativ ohne Dimension oder absolut in Meter zu erzielen sein! Diesen Widerspruch – wenn es denn einer ist – kann man nur dadurch auflösen, indem der entsprechende Messunsicherheitsbeitrag u_t in der jeweilig passenden Größe angenommen wird. Liegt uns der Messunsicherheitsbeitrag u_t in Kelvin vor, so liefert uns die Dimensionsgleichung die Einheit Meter ($\{m\}\{K^{-1}\}\{K\}$), obwohl die Einflussgröße in Kelvin angegeben wird.

Beispiel: Gegeben sei eine Leistungsermittlung mit unsicherheitsbehafteten Ermittlungen der Spannung und des Widerstandes nach:

$$P = \frac{V^2}{R}$$

Gleichung 3.6-9

Dann ermitteln wir folgende Sensitivitätskoeffizienten:

$$c_V = \frac{\partial P}{\partial V} = \frac{2V}{R}, \text{ und } c_R = \frac{\partial P}{\partial R} = -\frac{V^2}{R^2}$$

Gleichungen 3.6-10 und 3.6-11

In beiden Fällen geben die Dimensionsbetrachtungen Aufschluss darüber, dass die jeweiligen Messunsicherheitseinflüsse in Volt, respektive in Ohm, eingegeben werden müssen, denn es gilt:

$$\{c_V\} = \{Volt\} \cdot \{\Omega^{-1}\}$$

Gleichung 3.6-12

Multipliziert mit einer Einflussgröße für die Unsicherheit der ermittelten Spannung in Volt, erhält man einen Messunsicherheitsbeitrag in Watt ($\{V\}\{\Omega^{-1}\}\{V\} = \{W\}$).

...und weiterhin:

$$\{c_R\} = \{Volt^2\} \cdot \{Ohm^{-2}\}$$

Gleichung 3.6-13

Multipliziert mit einer Einflussgröße für die Unsicherheit des Widerstandes in Ohm erhält man ebenfalls einen Messunsicherheitsbeitrag in Watt ($\{V^2\}\{\Omega^{-2}\}\{\Omega\} = \{W\}$).

Die bisher betrachteten Verfahren funktionieren bei den meisten stetigen Funktionen einfach anwendbar. Bei diversen Funktionstypen ist aber erhöhte Vorsicht anzuraten. Betrachten wir hierzu eine transzendente Funktion:

Beispiel: Trigonometrische Funktionen kommen in vielfältiger Form zum Beispiel bei der Berechnung von (elektrischen) Wirkleistungen vor. Wir betrachten:

$$P = P_0 \cdot \cos(\varphi)$$

Gleichung 3.6-14

P_0, wie auch φ sind mit Messunsicherheitseinflüssen behaftet. Daher bilden wir zunächst folgende Ableitungen zur Ermittlung der Sensitivitätskoeffizienten:

$$c_{P_0} = \frac{\partial P}{\partial P_0} = \cos(\varphi) \text{ und } c_\varphi = \frac{\partial P}{\partial \varphi} = -P_0 \cdot \sin(\varphi)$$

Gleichung 3.6-15

Hätten wir hingegen den Messunsicherheitseinfluss des Winkels wie folgt als relative Größe ausgedrückt...

$$\varphi \cdot (1 \pm \delta\varphi)$$

...dann sähe das Ergebnis anders aus, weil dann der Cosinus nach der Kettenregel abzuleiten wäre:

$$c_{P_0} = \frac{\partial P}{\partial P_0} = \cos(\varphi + \varphi\delta\varphi) \quad \text{und}$$

$$c_\varphi = \frac{\partial P}{\partial \varphi} = -P_0 \cdot \sin(\varphi + \varphi\delta\varphi) \cdot (1 + \delta\varphi)$$

Gleichungen 3.6-16 und 3.6-17

Zu beiden Modellgleichungen wollen wir nun folgendes Fallbeispiel nutzen: $u_F = 0$, $\varphi = 45°$ und $u_\varphi = 2{,}5°$. In einem Messunsicherheitsbudget würde dann – vereinfacht – im ersten Falle folgende Größe zu berücksichtigen sein:

$$u_\varphi = \sqrt{(c_{\varphi,1} \cdot u_\varphi)^2} = \sqrt{(-\sin(45°) \cdot 2{,}5°)^2} = 1{,}77°$$

Gleichung 3.6-18

Die Darstellung dient lediglich der Abschätzung der jeweiligen Messunsicherheitsbeiträge.

...und im zweiten Falle mit der relativen Größe $w_\varphi = u_\varphi / \varphi$:

$$u_{temp} = \sqrt{(c_{\varphi,2} \cdot w_\varphi)^2} = \sqrt{\left(-\sin(45°) \cdot 45° \cdot \frac{2{,}5°}{45°}\right)^2} = 1{,}77°$$

Gleichung 3.6-19

3.7 KORRELATION ZWISCHEN EINZELNEN EINFLUSSGRÖßEN

Um gegenseitige Abhängigkeiten, welche zwischen den Einflussgrößen auftreten können, richtig behandeln zu können, benötigen wir Werkzeuge, welche sich aber leider nur aufwendig darstellen lassen. Wir wollen deshalb folgenden Weg gehen:

- Zuerst werden wir den Begriff der Kovarianz einführen und anhand der Einflussgrößen, oder besser: anhand von Reihen, erläutern.
- Dann konzentrieren wir uns zunächst auf die Betrachtung zweier Größen.
- Nun gäbe es diverse Wege zur weiteren Verallgemeinerung von zwei auf eine beliebige Anzahl von Einflussgrößen, welche wir aber außer Acht lassen werden.

Hier gehen wir dann einen nicht ganz alltäglichen Weg, indem wir für die weiteren Betrachtungen über Vektoren und Matrizen vornehmen werden. Diese Darstellung schließt elegant die Brücke zwischen den <u>direkt</u> über die Messunsicherheitseinflüsse wirkenden Beiträge auf ein Messergebnis und den Einflussgrößen, welche nicht direkt wirken, sondern über die Beeinflussung anderer Messunsicherheitseinflüsse in Erscheinung treten. Hierfür werden wir später in Anlehnung an die Varianz und an andere Literatur den Begriff KOVARIANZ nutzen.

3.7.1 KOVARIANZ

Nicht alle Einflussgrößen, welche auf ein Messergebnis wirken, treten unabhängig voneinander auf. Manche beeinflussen sich gegenseitig. In diesem Falle spricht man von einer (gegenseitigen) Korrelation. An Stelle der Varianz, welche die Breite des Vertrauensbereichs charakterisiert tritt nun die korrelierte Varianz, oder kurz: KOVARIANZ.

Leider ist diese Begriffswahl meines Erachtens nicht ganz glücklich, da die Mathematik zwischen Kovarianz und Kontravarianz unterscheidet. Beide Fälle treten aber in der Messtechnik zwischen korrelierten Einflussgrößen auf und haben unterschiedliche Auswirkungen auf ein Messergebnis. Dennoch haben wir uns dazu entschieden, den Begriff der Kovarianz zu nutzen, um im Einklang mit anderer messtechnischer Literatur zu bleiben.

Von korrelierten Größen, oder Reihen ist dann die Rede, wenn kein direkter mathematischer Zusammenhang durch eine Funktion beschrieben werden kann, aber andererseits eine tendenzielle Übereinstimmung zu erkennen ist.

Definition 3.7-1: Korrelation

Das heißt nicht, dass es keinen Zusammenhang gibt, sondern nur, dass er mit den vorhandenen Mitteln nicht dargestellt werden kann. Wir benutzen das Formelzeichen $\rho(\underline{X}_1, \underline{X}_2)$ für den Wert der normierten Korrelation, welchen wir Korrelationskoeffizient nennen werden. Wir werden diese Größe im Folgenden noch eingehend darstellen. Die Bezeichnung der betrachteten Reihen $\underline{X}_1$ und $\underline{X}_2$ mit Unterstrich als Zeichen für einen Vektor soll bereits hier verwendet werden,

um anzudeuten, dass sich hinter den beiden Symbol keine Einzelwerte, sondern eine geordnete Menge verbirgt, welche als Vektor zum Beispiel in der Form...

$$\underline{X} = (x_1, x_2, x_3, ..., x_n)$$

...geschrieben werden kann. Wir werden später diese Schreibweise explizit nutzen, weil wir später die Korrelation über Vektoren allgemein bestimmen wollen.

Alternativ findet man in anderer Literatur auch die Definition über den Begriff der Menge durch $X = \{x_1, x_2, x_3, ... x_n\}$. Wir vermeiden diese Schreibweise bewusst, weil eine Menge in ihrer mathematischen Definition ungeordnet sein kann, eine Reihe aber immer geordnet ist. Letztendlich unterscheiden sich beide Begriffe nur durch einen Unterstrich, oder?

Verhalten sich beide Reihen gleichsinnig, ist dies kovariant – oder anders ausgedrückt: positiv korreliert.

Definition 3.7-2: Kovarianz

Wächst eine Reihe und die andere fällt, nennt man diesen Zusammenhang kontravariant, oder: negativ korreliert.

Definition 3.7-3: Kontravarianz

Es sei nochmals darauf hingewiesen, dass wir den Begriff der Kovarianz pauschal für die korrelierte Varianz benutzen und nicht explizit zwischen Ko- und Kontravarianz unterscheiden werden, sofern nichts anderes ausdrücklich dargelegt wird!

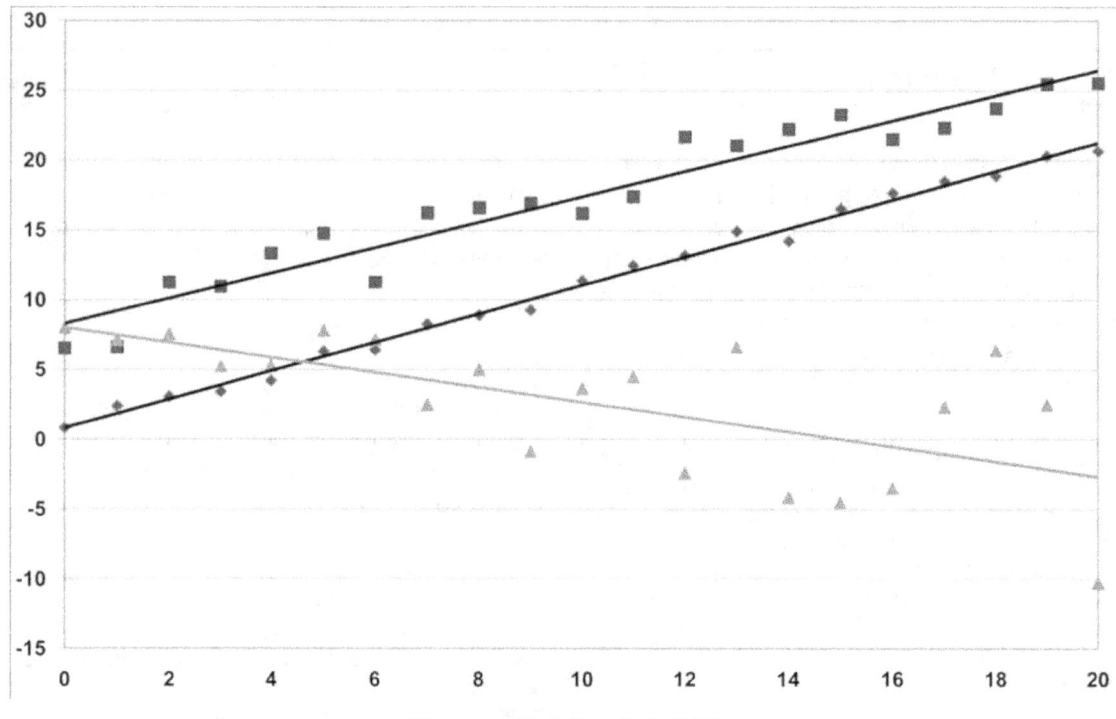

Diagramm 3.7-1: Korrelierte Größen

Das Diagramm zeigt zwei zueinander kovariante Reihen und eine dritte Reihe, welche zu jeder der beiden anderen Reihen kontravariant ist. Ein funktionaler Zusammenhang ist nicht zu erkennen. In diesem Fall ist die Beschreibung mit Varianzen der einzig sinnvolle Weg.

Beispiel: Die meisten soziologischen Daten sind miteinander korreliert. So sinkt die Kindersterblichkeit wenn das Bruttosozialprodukt wächst. Auch gilt der Zusammenhang, dass mit steigendem Bruttosozialprodukt, die Geburtenrate sinkt. Trägt man nun die Geburtenrate und die Kindersterblichkeit als Funktion über das Bruttosozialprodukt – oder beide Größen gegeneinander – auf, ergibt sich eine Darstellung, welche eine Korrelation vermuten lässt. In der Tat stellen Soziologen den Bezug zum Bruttosozialprodukt her. Aber eine Querbeziehung zwischen der Kindersterblichkeit und der Geburtenrate aufzustellen ist daher noch lang nicht zulässig. Hier fehlt – obwohl die Größen korreliert sind – der kausale Zusammenhang. Die Korrelation existiert dann über eine dritte, nicht aufgetragene Größe!

...und in der Messtechnik:

Beispiel: Zwei Prüflinge werden mit einem Bezugsnormal verglichen. Beide Thermometer zeigen die Tendenz, bei größeren Temperaturen zu wenig anzuzeigen. In beiden Fällen gibt es eine negative Korrelation mit dem Bezugsnormal. Untereinander besteht eine positive Korrelation, welche aber keinen kausalen Zusammenhang zwischen beiden Messreihen herleiten lässt, weil die Ursache der Korrelation eine dritte Größe ist.

Zur Berechnung der Korrelation zweier Reihen $\underline{X}$ und $\underline{Y}$ berechnet man zuerst deren Erwartungswerte μ_x und μ_y. Beide Reihen müssen die gleiche Anzahl von Elementen haben, weil ansonsten die skalare Multiplikation zwischen den Reihen nicht definiert ist. Betrachtet man nun die jeweiligen Reihen als Vektoren mit den Elementen...

$$\underline{X} = \{ x_1, x_2, .., x_n \} \text{ und } \underline{Y} = \{ y_1, y_2, .., y_n \}$$

MESSUNSICHERHEITSANALYSE

...dann bildet man folgendes - um 1/n normiertes - Skalarprodukt zwischen den Vektoren und weist diesem Produkt die Bezeichnung COV (für Kovarianz) zu:

$$COV(\underline{X},\underline{Y}) = \frac{1}{n}\left(\begin{pmatrix}x_i\\...\\x_n\end{pmatrix} - \begin{pmatrix}\mu_x\\\mu_x\\\mu_x\end{pmatrix}\right) \cdot \left(\begin{pmatrix}y_i\\...\\y_n\end{pmatrix} - \begin{pmatrix}\mu_y\\\mu_y\\\mu_y\end{pmatrix}\right)$$

$$= \frac{1}{n}\begin{pmatrix}x_i-\mu_x\\...\\x_n-\mu_x\end{pmatrix} \cdot \begin{pmatrix}y_i-\mu_y\\...\\y_n-\mu_y\end{pmatrix}$$

Gleichung 3.7-1

...und wer die Darstellung über Summen vorzieht kann stattdessen folgende Definition nutzen:

$$COV(\underline{X},\underline{Y}) = \frac{1}{n}\sum_{i=1}^{n}(x_i-\mu_x)\cdot(y_i-\mu_y)$$

Gleichung 3.7-2: Kovarianz

Die Ergebnisse sind gleich. Ergeben sich für COV Werte um 0, sind die Reihen nicht korreliert (eine exakte 0 erreicht man in der Praxis eigentlich nie). Positiv korrelierte Größen ergeben positive Ergebnisse, negative Korrelationen entsprechend negative Ergebnisse.

Unser nächstes Interesse gilt der Einführung einer Normierung, um den Wertebereich von COV einzugrenzen und somit besser interpretierbar zu machen. Naheliegend ist es, einen Wertebereich von –1 bis +1 zu nutzen. Hierbei sollen die beiden Grenzwerte für eine perfekte negative und positive Korrelation stehen und 0 für nicht korrelierte Reihen. Diese Normierung erreichen wir, indem wir durch die Varianzen der beiden Reihen dividieren:

$$\rho_{x,y} = COV_{Norm}(\underline{X},\underline{Y}) = \frac{1}{n}\frac{\sum_{i=1}^{n}(x_i-\mu_x)\cdot(y_i-\mu_y)}{\sigma_x \cdot \sigma_y}$$

Gleichung 3.7-3: normierte Kovarianz (I)

Dieser Sachverhalt gilt zunächst einmal für zwei beliebige Reihen. Für den Fall einer begrenzten Stichprobe kann man den Sachverhalt nochmals „einfacher" darstellen, indem wir für die beiden Varianzen s_x und s_y die entsprechenden Summen schreiben. Wir nutzen dann weiterhin den Korrelationskoeffizienten $\rho(\underline{X},\underline{Y})$ für die normierte Kovarianz $COV_{Norm}(\underline{X},\underline{Y})$:

$$\rho_{x,y} = \frac{\sum_{i=1}^{n}(x_i-\mu_x)\cdot(y_i-\mu_y)}{\sqrt{\sum_{i=1}^{n}(x_i-\mu_x)^2 \cdot \sum_{i=1}^{n}(y_i-\mu_y)^2}}$$

Gleichung 3.7-4: normierte Kovarianz (II)

Nach dieser Normierung können wir die bereits geforderten Aussagen zur gegenseitigen Abhängigkeit zweier Reihen voneinander treffen. Leider ist die Umkehrung der Aussage „Zwei Reihen sind unkorreliert, also ist $\rho = 0$" nicht möglich.

3.7.2 Betrachtung zweier abhängiger Einflussgrößen

In der Messtechnik interessiert uns bei der Bestimmung der Messunsicherheiten die Abhängigkeit von Ausgangsgrößen nicht sonderlich, weil das Ergebnis einer Messung normalerweise eine Messgröße ist. Vielmehr wollen wir wissen, ob eine Einflussgröße eine andere derart beeinflusst, dass die Messunsicherheit des Ergebnisses mit beeinflusst wird. Wir nutzen hierzu den Ansatz, dass wir die Messunsicherheit zu einem Messergebnis M (eine Ausgangsgröße) aus zwei unabhängigen Einflussgrößen $\underline{X}$ und $\underline{Y}$ erhalten, welche wir um einen kleinen Betrag variieren wollen. Diese kleine Variation könnte unser Unsicherheitsbeitrag der Einflussgröße sein. Dann gilt:

$$M = c_x \underline{X} + c_y \underline{Y}$$

Gleichung 3.7-5: Zwei abhängige Einflussgrößen (I)

c_x, c_y ...für die im vorhergehenden Kapitel vorgestellten Sensitivitätskoeffizienten

Weiterhin gehen wir entsprechend dem bereits mehrfach dargestellten, üblichen Weg der Messwertermittlung vor: Wir bestimmen die Erwartungswerte der Einflussgrößen $\underline{X}$ und $\underline{Y}$: μ_x und μ_y. Anschließend berechnen wir die (empirische) Varianz des Ergebnisses und stellen der Vollständigkeit halber die Sensitivitätskoeffizienten gleich mit dar:

$$\sigma_{x,y} = \frac{1}{n}\sum_{i=1}^{n}\left(c_x(x_i - \mu_x) + c_y(y_i - \mu_y)\right)^2$$

Gleichung 3.7-6: Varianz eines Messergebnis aus zwei Einflussgrößen

Der Summenterm rührt daher, dass wir die beiden Einflussgrößen als Ergebnis einer Reihe betrachten, deren n Elemente jeweils einen Beitrag zur Varianz σ der jeweiligen Reihe liefern. Wenn wir uns nun an die Entwicklung der goldenen Formel der Messunsicherheitsberechnung nach Gauß erinnern, werden wir feststellen, dass wir ähnlich vorgegangen sind, aber stillschweigend einen kleinen Anteil unter den Tisch haben fallen lassen. Normalerweise hätte – nach Binomi – die Lösung des Klammerterms folgendes Ergebnis liefern müssen:

$$(a+b)^2 = a^2 + 2ab + b^2$$

Gleichung 3.7-7: Erster Binom

Wir haben jedoch den gemischten Term $2 \cdot a \cdot b$ wegfallen lassen, weil die jeweilige Variation (Messunsicherheit) klein gegenüber der eigentlichen Messgröße war und die Multiplikation der Faktoren $a \cdot b$ keinen nennenswerten Beitrag zur Ergebnis liefern. Im Falle der korrelierten Größen ist dies nicht mehr so eindeutig gegeben und die gegenseitige Beeinflussung der Größen steckt eben in diesem binomschen Anteil. Er ist die beschreibende Größe der Korrelation. Im Falle von Gleichung 3.7-6 wäre dies der entsprechende Anteil unter dem Quadrat in der Summe über alle i:

$$\sum_{i=1}^{n} 2(c_x(x_i - \mu_x)) \cdot (c_y(y_i - \mu_y)) = 2c_x c_y \cdot COV(\underline{X},\underline{Y})$$

Gleichung 3.7-8: Binom'scher Anteil...

Dieser binom'sche Term kann mit der normierten Kovarianz – wie oben gezeigt – dargestellt werden, wohingegen die altbekannten Anteile der Fehlerfortpflanzung sich aus den rein-quadratischen Anteilen a^2 und b^2 ergeben:

$$c_x^2 \sigma_x^2 + c_y^2 \sigma_y^2$$

Gleichung 3.7-9: Quadratische Anteile

Messunsicherheitsanalyse

Nun lässt sich für den Fall der Abhängigkeit eines Messergebnisses von zwei Einflussgrößen die Bestimmungsgleichung für das Messunsicherheitsbudget neu formulieren. Zunächst betrachten wir aber noch die Auswirkungen auf die ermittelte, kombinierte Varianz, welche ja gleichbedeutend dem Quadrat der Messunsicherheit ist(!):

$$\sigma_{x,y} = c_x^2 \sigma_x^2 + c_y^2 \sigma_y^2 + 2 c_x c_y \cdot COV(\underline{X}, \underline{Y})$$

Gleichung 3.7-10: Kombinierte Varianz

Also wird aus...

$$U = k \cdot \sqrt{\sum_{i=1}^{n} \left(\sqrt{G_i} \cdot c_i \cdot a_i \right)^2}$$

Gleichung 3.7-11: Die „goldene" Gleichung der Messunsicherheit

...unter Berücksichtigung möglicher Korrelationen für zwei Einflussgrößen:

$$U_K = k \cdot \sqrt{\left(\sqrt{G_x} \cdot c_x \cdot a_x\right)^2 + \left(\sqrt{G_y} \cdot c_y \cdot a_y\right)^2 + \sqrt{G_x G_y} \cdot 2 \cdot c_x \cdot c_y \cdot \rho_{x,y} \cdot a_x \cdot a_y}$$

Gleichung 3.7-12: Modifizierte Messunsicherheitsfortpflanzung mit Korrelationen (I)

Diese Gleichung wäre sofort anwendbar, wenn man es nur mit zwei Einflussgrößen zu tun hätte. Verallgemeinert für *n* Größen hat sie folgendes Aussehen:

$$U_K = k \cdot \sqrt{\sum_{i=1}^{n} \sum_{j=1}^{n} \sqrt{G_i G_j} \cdot c_i \cdot c_j \cdot \rho_{i,j}}$$

Gleichung 3.7-13: Modifizierte Messunsicherheitsfortpflanzung mit Korrelationen (II)

Hier fehlt bei den gewichteten Kovarianzen der zuvor in Gleichung 3.7-12 dargestellte Faktor 2, wie dies bereits in der Doppelsumme über *i* und *j* berücksichtigt ist. Für den Spezialfall *i = j* erhalten wir die Varianzen der einzelnen Einflussgrößen. Da die Korrelation auch negative Werte annehmen kann, ist es durchaus möglich, dass sich die Messunsicherheit verringert. Dies drückt insbesondere den Fall aus, dass nicht erfasste, systematische Einflüsse auf Normal und Prüfling gleichermaßen wirken und in der Differenzbildung sich dann gegenseitig reduzieren.

3.7.3 Transfer auf mehrere korrelierte Einflussgrößen

Der nächste Schritt bei der Entwicklung einer allgemein anwendbaren Formel für die Korrelation zwischen Einflussgrößen ist, eine Basis für die Verallgemeinerung zu finden. Es bietet sich an, von der kombinierten Varianz des Ergebnisses nach Gleichung 3.7-10 auszugehen und für die spätere Verallgemeinerung numerische Indizes anstatt der Variablen x und y zu nutzen:

$$\sigma_{1,2} = c_1^2 \sigma_1^2 + c_2^2 \sigma_2^2 + 2c_1 c_2 \cdot COV(\underline{X_1}, \underline{X_2})$$

Gleichung 3.7-14: Kombinierte Varianz, Verallgemeinerung (I)

Diese Gleichung zeigt zum einen das gewünschte Ergebnis als Varianz und enthält bereits die notwendige Ausgangsstruktur. Die „störende" Kovarianz stellen wir etwas anders dar, indem wir die bereits dargestellte Normierung...

$$\rho_{1,2} = \frac{COV(\underline{X_1}, \underline{X_2})}{\sigma_1 \cdot \sigma_2}$$

Gleichung 3.7-15

...nutzen:

$$\sigma_{1,2} = c_1^2 \cdot \sigma_1^2 + c_2^2 \cdot \sigma_2^2 + 2 \cdot c_1 \cdot c_2 \cdot \sigma_1 \cdot \sigma_2 \cdot \rho_{1,2}$$

Gleichung 3.7-16: Kombinierte Varianz, Verallgemeinerung (II)

Zudem nutzen wir die Definition der Sensitivitätskoeffizienten:

$$c_i = \frac{\partial f}{\partial x_i}$$

Gleichung 3.7-17

Ferner lösen uns von der mathematischen Darstellung der Varianz mit σ und benutzen stattdessen den messtechnischen Begriff der Messunsicherheit u. Dann stellt sich die kombinierte Varianz wie folgt dar:

$$u_f^2 = \left(\frac{\partial f}{\partial x_1}\right)^2 a_1^2 + \left(\frac{\partial f}{\partial x_2}\right)^2 a_2^2 + 2 \cdot \frac{\partial f}{\partial x_1} \cdot \frac{\partial f}{\partial x_2} \cdot a_1 \cdot a_2 \cdot \rho_{1,2}$$

Gleichung 3.7-18: Kombinierte Varianz, Verallgemeinerung (III)

mit:

u_f Als kombinierte Messunsicherheit der Funktion f.

Diese Gleichung ist nun recht einfach für eine beliebig große Anzahl von Einflussgrößen zu verallgemeinern. Zuerst summieren wir die bereits bekannten Anteile auf und bilden aus den ersten beiden Summanden die kombinierte Messunsicherheit und aus dem letzten Summanden die Kovarianz. Dann erhalten wir:

$$u_{1,2}^2 = \sum_{i=1}^{n}\left(\frac{\partial f}{\partial x_i}\right)^2 a_i^2 + \sum_{i=1}^{n}\sum_{j=1}^{n} \frac{\partial f}{\partial x_i} \cdot \frac{\partial f}{\partial x_j} \cdot a_i \cdot a_j \cdot \rho_{i,j}$$

Gleichung 3.7-19: Kombinierte Varianz, Verallgemeinerung (IV)

Vor der Doppelsumme erscheint der Faktor 2 nicht mehr, welcher in Gleichung 3.7-17 vor dem letzten Summanden steht, weil die Doppelsumme über alle i und j bereits die Terme mit $i = j$ und $j = i$ zweifach berücksichtigt!

3.7.4 ABSCHÄTZEN DER KORRELATION

Bei der gesamten Diskussion um Korrelationen gibt es einen Haken: Die Kovarianz ist noch immer über den Vergleich zweier Reihen miteinander definiert. Betrachten wir andererseits unsere Einflussgrößen im Messunsicherheitsbudget, finden wir in aller Regel keine vergleichbaren Reihen vor, sondern abgeschätzte, singuläre Werte; eben die Messunsicherheitseinflüsse.

Diese Problematik lässt sich nun auch nicht einfach lösen,... Also bleibt uns nur der Weg über die Schätzung der Kovarianz. Hierbei kommt uns zumindest zu Gute, dass wir anstatt der Kovarianz, COV, die normierte Größe des Korrelationskoeffizienten mit Werten zwischen –1 und +1 nutzen können. Zur Schätzung der Kovarianz gibt es aber mathematische Hilfsmittel.

<u>Beispiel</u>: Durch Vergleichsmessung Prüfling gegen Normal auf der gleichen Messanordnung soll der Wert der Einfügedämpfung ermittelt werden. Die Prozessgleichung sieht wie folgt aus:

$$A_{DUT} = A_{Mess} - A_{Norm} + A_{Zert}$$

Gleichung 3.7-20: Einfache Prozessgleichung Einfügedämpfung

A_{DUT}: Messgröße

A_{Mess}: Ablesewert der Einfügedämpfung des Prüflings

A_{Norm}: Ablesewert der Einfügedämpfung des Normals

A_{Zert}: Richtiger Wert der Einfügedämpfung des Normals, laut Kalibrierschein

Wir wollen nun keine detaillierte Modellgleichung aufstellen, sondern lediglich die obige Gleichung betrachten. Alle auftretenden Größen sind mit Messunsicherheiten behaftet. Eine Korrelation zwischen den Messergebnissen und dem im Kalibrierschein genannten, richtigen Wert der Einfügedämpfung des Normals ist unwahrscheinlich. Also kann man für die beiden Korrelationskoeffizienten $\rho(Mess, Zert)$ und $\rho(Norm, Zert)$ den Wert 0 ansetzen. Zwischen A_{Mess} und A_{Norm} ist eine Korrelation höchstwahrscheinlich, da beide Größen auf der gleichen Messausstattung und zudem in einem engen zeitlichen Zusammenhang ermittelt wurden. Die Korrelation ist also positiv. Zudem ist aber erkenntlich, dass die Korrelation zu einer Verringerung der Messunsicherheit führen muss, weil die Differenz zwischen den beiden Ablesewerten deutlich kleiner ist, als die diese selbst.

In der Regel werden die Ablesewerte aus Einzelbeobachtungen bei unterschiedlichen Einschraubpositionen gewonnen. Kann man nun zeigen, dass die Messungen von A_{Mess} und A_{Norm} gewissen, synchronen Funktionsverläufen folgen, muss man nur noch den statistischen Anteil des Messunsicherheitseinfluss von dem systematischen (aber nicht korrigierten) Anteil trennen. Dies kann man durch Abschätzung der Messreihen unternehmen. Wir haben diesen Anteil auf 0,25 geschätzt und dann angesetzt:

$$\rho(Mess, Norm) = 0{,}25.$$

Wir bilden nun die partiellen Ableitungen:

$$c_{Mess} = \frac{\partial A_{DUT}}{\partial A_{Mess}} = 1 \; ; \quad c_{Norm} = \frac{\partial A_{DUT}}{\partial A_{Norm}} = -1 \; ;$$

$$c_{Zert} = \frac{\partial A_{DUT}}{\partial A_{Zert}} = 1$$

Gleichung 3.7-21, Gleichung 3.7-22, Gleichung 3.7-23

Anschließend setzen wir in Gleichung 3.7-19 ein:

$$u_{1,2}^2 = \sum_{i=1}^{n} \left(\frac{\partial f}{\partial x_i}\right)^2 a_i^2 + \sum_{i=1}^{n}\sum_{j=1}^{n} \frac{\partial f}{\partial x_i} \cdot \frac{\partial f}{\partial x_j} \cdot a_i \cdot a_j \cdot \rho_{i,j}$$

$$u_{DUT}^2 = c_{Mess}^2 a_{Mess}^2 + c_{Norm}^2 a_{Norm}^2 + c_{Zert}^2 a_{Zert}^2 \\ + 2 \cdot c_{Mess} c_{Norm} a_{Mess} a_{Norm} \rho_{Mess,Norm}$$

Gleichung 3.7-24: Kombinierte Varianz, Verallgemeinerung (IV)

Die Dimensionsbetrachtung zeigt, dass die Varianzen und die Kovarianzen dimensionsgleich vertreten sind, da ρ eine dimensionslose Größe ist.

$$u_{DUT}^2 = 1^2 a_{Mess}^2 + (-1)^2 a_{Norm}^2 \\ + 1^2 a_{Zert}^2 + 2 \cdot 1 \cdot (-1) a_{Mess} a_{Norm} \cdot 0{,}25$$

Nun wird die Verringerung der Messunsicherheit durch die Kovarianz von ρ(Norm, Mess) deutlich.

In diesem Beispiel fehlen natürlich noch die Gewichtungsfaktoren, G, und der Erweiterungsfaktor k. Wir werden die Gleichung später komplettieren.

3.8 DER FREIHEITSGRAD EINER GRÖßE

Zielrichtung bei der Bestimmung des Freiheitsgrades (des Ergebnisses) ist es, zu prüfen, ob es möglich ist, für die erweiterte Messunsicherheit eine Normalverteilung anzunehmen. Als Funktion hat die Normalverteilung einen unendlichen Freiheitsgrad (theoretisch könnte jeder einzelne der statistisch verteilten Punkt y(x) beliebig positioniert sein). In der Praxis zeigt sich dieses „beliebig" durchaus für einzelne Punkte, aber bei Betrachtung der Gesamtheit aller möglichen Punkte kummulieren sich diese um einen Häufungswert (Maximum der Normalverteilung). Also haben die ermittelten Funktionen deutlich geringere Freiheitsgrade. Nun benötigt man aber „genügend viel Freiheit" um aus der Normalfunktion eine allgemein gültige Aussage zur Verteilung von Messergebnissen zu generieren. Bereits ab etwa fünfzig möglichen Punkten nähert man sich recht gut dem idealen Kurvenverlauf an.

Klären wir nun, was Freiheitsgrade für die Bestimmung der Messunsicherheit sind:

- Der Freiheitsgrad einer (Eingangs)Größe erlaubt eine Aussage über die Abhängigkeit der Größe von der Menge seiner Eingangswerte (Beobachtungen).
- Der Freiheitsgrad ist eine statistische Kenngröße einer Datenmenge und wird nicht explizit mit einem Ergebnis angegeben. Er ist für das Gesamtergebnis nicht mehr von Belang. Aber er ist notwendig, um beurteilen zu können, inwieweit das Messergebnis von einzelnen Einflussgrößen unabhängig ist.

- Liegt eine dominante Abhängigkeit von einer einzelnen geschätzten(!) Größe vor, ist es in der Regel nicht möglich, einfach einen Erweiterungsfaktor von k = 2 anzunehmen, um ein Vertrauensniveau von S_S = 0,95 zu erreichen.

Der Freiheitsgrad einer Datenmenge ist gleich der Anzahl der einzelnen Elemente dieser Menge, abzüglich der Anzahl der hieraus gewonnenen Informationen.

Definition 3.8-1: Freiheitsgrad ν

Wenn man aus einer Datenmenge mit n Elementen den Mittelwert bildet, legt man eine erste Kenngröße der Menge fest. Gleichzeitig reduziert man den Freiheitsgrad der Menge auf ν = n-1. Ermittelt man zudem die Standardabweichung, legt man eine weitere Kenngröße fest und der neue Freiheitsgrad beträgt nunmehr ν = n-2.

<u>Beispiel</u>: Geht man von 10 Messwerten aus und gibt hierzu einen Mittelwert an, so verringert sich der Freiheitsgrad auf ν = n-1 = 9. Interpoliert man über den zeitlichen Verlauf der Messwertaufnahme durch eine Gerade, so sind in ax+b bereits zwei Kenngrößen festgelegt und der Freiheitsgrad sinkt auf ν = 8. Bei einer Polynom-Approximation fünften Grades sind sechs Parameter festgelegt ($a_0, \ldots a_5$) und es bleiben drei Freiheitsgrade.

$$f(x) = a_5 x^5 + a_4 x^4 + a_3 x^3 + a_2 x^2 + a_1 x + a_0$$

Gleichung 3.8-1

Messunsicherheitsanalyse

Wenn wir nicht von einer realen Messreihe ausgehen, nehmen wir eine (fiktive) Dichtefunktionen an. Betrachten wir nun deren Verhältnisse. Für geschätzte Größen geht man davon aus, dass unendlich viele Messwerte die angenommene Verteilung widerspiegeln. Jeder dieser Punkte wird als unabhängig von jedem anderen angenommen. Also haben Messunsicherheitseinflüsse mit angenommener Verteilung den Freiheitsgrad $\nu = \infty$.

Beispiel: Beschreiben wir eine Rechteckverteilung durch einen Erwartungswert E und einer Halbbreite $a/2$, so entziehen wir der Ausgangsdatenmenge ebenfalls zwei Freiheitsgrade. Da aber die Rechteckverteilung aus einer Funktion mit unendlich vielen Werten gebildet wird, reduziert sich der Freiheitsgrad von Unendlich auf Unendlich - 2.

Übernimmt man eine Messunsicherheit aus einem anderen Budget (aus einem Kalibrierschein, etc.) so wäre dies eine Ergebnisgröße, welche mit einer Normalverteilung angegeben wird. Hier setzt man $\nu = 50$ als gegeben voraus.

Wir haben eben angesprochen, dass eine zufällige Verteilung mit einem Freiheitsgrad ab etwa 50 recht gut der Normalverteilung angenähert ist. Man kann dies auch gut aus der Tabelle der Studentfaktoren herauslesen (→ Tabelle 3.5-1: Studentfaktor t, Seite 35 erläutert. Für den Freiheitsgrad $\nu = 49$ erreichen wir hier bereits für ein Vertrauensniveau von $S_S = 0{,}66$ einen Studentfaktor $t = 1{,}01$ (oder: wir benötigen eine Erweiterung von maximal einem Prozent um eine gleiche Wahrscheinlichkeit wie die Normalverteilung zu erreichen) und für das bei uns übliche Vertrauensniveau $S_S = 0{,}95$ lesen wir $t = 2{,}01$ aus der Tabelle ab. Daher kommt unser üblicherweise angewendeter Erweiterungsfaktor $k = 2$. Bei geringeren Freiheitsgraden wird k entsprechend größer zu wählen sein.

Bringt man nun verschiedene Messunsicherheitseinflüsse in einem gemeinsamen Budget zusammen, bleibt es nicht aus, dass man auch das Zusammenwirken verschiedener Verteilungen miteinander bewerten muss.

Am einfachsten ist es, wenn man zwei normalverteilte Größen miteinander verrechnet. Unter Nutzung des zentralen Grenzwertsatz der Wahrscheinlichkeitstheorie kann man darlegen, dass bei der Zusammenführung zweier Einflussgrößen die Ergebnisgröße ebenfalls normalverteilt sein muss.

→ *Normal- und Studentverteilung*: Kapitel 3.5.6, Seite 32, Kapitel 3.5.7, Seite 33

Aber auch für andere Verteilungen sind die Zusammenhänge nicht wesentlich komplizierter. Wir haben bereits betrachtet, wie sich schon durch eine geringe Zahl an Faltungen eine Rechteckerteilung der Normalverteilung annähert. Demnach liegt auch schon die Vermutung nahe, dass man nur genügend viele – auch verschieden verteilte – Einflussgrößen zusammenführen muss, um ein Ergebnis zu erreichen, welches dann „genügend zufällig verteilt ist".

Nun ist es wichtig, sicherzustellen, dass man auch „genügend viel Zufall" in das Ergebnis eingebracht hat, um der Statistik zu genügen. Am besten erfasst man dies durch ein mathematisches Testkriterium. Der Freiheitsgrad des Ergebnisses wird nach Aufstellung des Budgets gemäß Gleichung 3.8-2 nach Welch-Sattertwaithe abgeschätzt:

$$\nu = \frac{u^4}{\sum_{i=1}^{N} \frac{u_i^4(y_i)}{\nu_i}}$$

Gleichung 3.8-2: Abschätzung des Freiheitsgrades des Messergebnisses

N: Anzahl der berücksichtigten Unsicherheitsbeiträge

u_i: Die jeweilige Standardmessunsicherheit

ν_i: Freiheitsgrad des jeweiligen Unsicherheitsbeitrages

u: (ohne Index) berechnete Messunsicherheit des Ergebnisses, ohne Erweiterungsfaktor

Diese Gleichung liefert keine absolute Bestimmung des Freiheitsgrades, stellt jedoch eine handhabbare Abschätzungsgleichung für die Größe dar.

Für empirisch ermittelte Messunsicherheitsbeiträge mit n Beobachtungen ist $v = n-1$ zu verwenden (siehe oben). Für alle anderen Einflussgrößen und deren Verteilungen gibt es eine erste Näherung, welche den Freiheitsgrad aus dem Quotienten der Unsicherheit zur Messgröße herleitet:

$$v_i = \frac{1}{2}\left(\frac{U}{u(x_i)}\right)^2$$

Gleichung 3.8-3: Näherungsformel zur Ermittlung des Freiheitsgrades einer Verteilung

(a) Unsicherheitsbeiträge mit geringem Freiheitsgrad

Für den Fall, dass wir es nicht schaffen, für die Messunsicherheit einen ausreichend großen Freiheitsgrad zu erreichen, haben wir dennoch die Möglichkeit, dass Ergebnis anzugeben, als wäre es normalverteilt. Hierzu muss ein größerer Erweiterungsfaktor gewählt werden.

Solche Fälle finden wir immer dann, wenn der dominante Einfluss in einem Messunsicherheitsbudget aus einer Messreihe mit wenigen Beobachtungen herrührt und der Freiheitsgrad entsprechend gering ist.

Zunächst schätzen wir nach Gleichung 3.8-2 den Freiheitsgrad des Ergebnisses ab und nehmen eine Student-Verteilung an. Hierzu entnehmen wir den t-Faktor für den ermittelten Freiheitsgrad. Diese Größe benutzen wir dann an Stelle des ansonsten üblichen Erweiterungsfaktors.

→ *Tabelle 3.5-1: Studentfaktor t, Seite 35*

Beispiel: Im Rahmen einer Längenmessung wurden folgende Standardmessunsicherheiten in das Budget eingebracht:

- $a_1 = 25$ nm, normalverteilt, empirisch nach Methode A aus zwölf Einzelmessungen ermittelt. Demnach wird $v = 11$ angesetzt.
- $a_2 = 25$ nm, rechteckverteilt mit $v = \infty$
- $a_3 = 50$ nm, rechteckverteilt mit $v = \infty$

Die kombinierte Messunsicherheit (noch ohne Berücksichtigung eines Erweiterungsfaktors k) berechnet sich zu:

$$U = \sqrt{a_1^2 + \frac{1}{3}\left(a_2^2 + a_3^2\right)}$$
$$= \sqrt{25^2 nm^2 + \frac{1}{3}\left(25^2 nm^2 + 50^2 nm^2\right)} = 59{,}5 nm$$

Gleichung 3.8-4: Kombinierte Messunsicherheit

Der Freiheitsgrad ergibt sich dann zu:

$$v = \frac{u^4}{\sum_{i=1}^{N} \frac{u_i^4(y_i)}{v_i}} = \frac{59{,}5^2}{\frac{25^4}{11} + \frac{25^4}{\infty} + \frac{50^4}{\infty}} = \frac{59{,}5^2}{\frac{50^4}{11} + 0 + 0} = 22$$

Gleichung 3.8-5: Freiheitsgrades des Messergebnisses

Aufgrund der Dominanz des empirisch ermittelten Anteils von u_1 mit seinem geringen Freiheitsgrad ist auch der Gesamtfreiheitsgrad gering. Will man nun eine Überdeckungswahrscheinlichkeit $S_S = 0{,}95$ erreichen, kann man die Messunsicherheit nicht einfach mit einem Erweiterungsfaktor $k = 2$ erweitern. Dies wäre nicht ausreichend. Stattdessen greifen wir auf den t-Faktor für $v = 22$ bei $S_S = 0{,}95$ zurück und erweitern mit $k = t = 2{,}09$.

3.9 Aufbereitung der Kenntnisse für die Berechnung der kombinierten Messunsicherheit

Die Modellgleichung war der erste Schritt zum Messunsicherheitsbudget. Nun ist es ratsam, die Modellgleichung nochmals kritisch zu betrachten und zu prüfen, ob im Rahmen der Messunsicherheitsanalyse neue Erkenntnisse gefunden wurden, welche zu einer Änderung der Modellgleichung Anlass geben.

Die nachträgliche Anpassung einer Modellgleichung ist immer legitim. Das Modell ist eine Nachbildung der Realität und verschiedene Modelle sind hierbei denkbar. Sie unterschieden sich vornehmlich in der Positionierung von Messunsicherheitseinflüssen. Hingegen muss die Rückführbarkeit auf die zum Messprozess passende Prozessgleichung ständig gewahrt bleiben.

Sollte dies nicht der Fall sein, können wir die kombinierte Messunsicherheit bestimmen. Hierzu benötigen wir zu jeder Einflussgröße folgende Informationen:

- <u>Geschätzte oder bestimmte</u> Halbbreite des Messunsicherheitseinfluss
- <u>Angenommene</u> Verteilung
- <u>Berechneter</u> Sensitivitätskoeffizient

Die drei unterstrichenen Adjektive zeigen, dass den Einschätzungen des Technikers eine erhebliche Bedeutung zukommt. Zudem benötigen wir die Information über das angestrebte Vertrauensniveau der erweiterten Messunsicherheit. Hieraus können wir den notwendigen Erweiterungsfaktor vorbestimmen. Gegebenenfalls müssen wir diesen dann später revidieren, wenn erkannt werden sollte, dass der effektive Freiheitsgrad des Ergebnisses zu gering ist.

Anschließend müssen wir die gesammelten Informationen lediglich in die Gleichung der Messunsicherheit, Gleichung 3.4-8, Seite 22, einsetzen und die kombinierte Messunsicherheit ergibt sich dann aus der Lösung dieser Gleichung. Alternativ hierzu kann man aber auch das folgende, tabellarische Schema nutzen, um die Messunsicherheit zu bestimmen:

3.10 Aufstellen des numerischen Budgets

Die Einflussgrößen und ihre zugeordneten Parameter können in eine Budgetgleichung oder ein tabellarisches Budget eingesetzt werden. Beide Methoden sind gleichberechtigt, wobei die Tabelle den Vorzug der Übersichtlichkeit hat und die Budgetgleichung die mathematisch korrekte Form ist.

Hierbei liegt es nahe, dass man für jeden Messunsicherheitseinfluss eine Zeile anlegt, in welche die Faktoren G_i, c_i und der Halbbreite des Messunsicherheitseinflusses a_i vorhanden sein müssen. Weiterhin ergänzen wir die Tabelle um zusätzliche Darstellungen, welche die Analyse und Berechnung der Daten vereinfacht und das Budget nachvollziehbarer macht.

{1}	{2}	{3}	{4}	{5}	{6}	{7}	{8}
Einflussgröße	Schätzwert	Halbbreite des Messunsicherheitseinfluss	Verteilung	Gewichtung	Sensitivitätskoeffizient	Freiheitsgrad	Standardmessunsicherheit
δ	s	a		$\sqrt{G}$	c	ν	U {3}·{5}·{6}
w_F	200 N	0,01	R	$1/\sqrt{3}$	1	∞	0,0058
w_l	0,6 m	0,005	R	$1/\sqrt{3}$	1	∞	0,0029
$w_{\sin(\varphi)}$		0,035	R	$1/\sqrt{3}$	1	∞	0,0202
w_{sys}		0,005	R	$1/\sqrt{3}$	1	∞	0,0029
$w_{k=2}$	120 Nm					50	0,043

Tabelle 3.10-1: Messunsicherheitsbudget

Die in dieser Tabelle zusammengefassten Größen werden quadratisch addiert. Anschließend multipliziert man das Ergebnis mit dem gewünschten Erweiterungsfaktor (hier: $k = 2$).

Im Einzelnen sind folgende Spalten vorgesehen (Es gilt, dass alle Eintragungen in der jeweiligen physikalischen Dimension vorgenommen werden):

{1} Namentliche Auflistung der Messunsicherheitseinflüsse

{2} Schätzwerte von messunsicherheitsbehafteten Einflussgrößen. Diese Werte werden manchmal zur Bestimmung der Sensitivitätskoeffizienten benötigt, weil sie numerisch in die partiellen Ableitungen eingesetzt werden.

{3} ...zeigt die Halbbreiten der Messunsicherheitseinflüsse. Dieses sind die Größen, die wir bei der Besprechung der Messunsicherheitseinflüsse erstmalig mit a_i dar-

Messunsicherheitsanalyse

gestellt haben und die sich aus der Messunsicherheitsanalyse heraus ergeben haben.

{4} ...gibt den Kennbuchstaben der Verteilung wieder. Wir nutzen hier N für die Normalverteilung, D für die Dreieck- und R für die Rechteckverteilung. Da es keine einheitlich Konvention für diese Kennbuchstaben gibt, sollten diese zumindest in einer Legende erklärt werden.

{5} Entsprechend der angenommenen Verteilung ist der Gewichtungsfaktor G zu wählen. Diese Darstellung ist optional. Hier ist zu beachten, dass wir in dieser Spalte nicht den Gewichtungsfaktor selber, sondern dessen Wurzel darstellen! Dies ergibt sich aus der Position von G. Der Wert wird im Gegensatz zu c und u in der Summe der einzelnen Messunsicherheitsbeiträge nicht quadriert.

{6} Die ermittelten Sensitivitätskoeffizienten c werden in {6} aufgeführt.

{7} Spalte {7} zeigt die Freiheitsgrade v. Im Budget wird diese Angabe nicht selber verrechnet, sie ist aber notwendig, um anschließend den Freiheitsgrad des Ergebnisses zu bestimmen. Weil dann zugleich u_i neben v_i benötigt wird, ist die Darstellung an dieser Stelle im Budget sinnvoll.

{8} Wenn man {3}, {5} und {6} multipliziert, erhält man die Unsicherheitsbeiträge, welche in {8} genannt werden. Hier steht dann das Produkt $\sqrt{G} \cdot c \cdot a$. Dies entspricht den einzelnen Summanden der Messunsicherheitsbestimmung, bevor diese quadriert werden.

INFORMATIONEN IN DER FUßZEILE:

{1} In der Fußzeile der Spalte steht der Kennbuchstaben der erweiterten Messunsicherheit. Dies kann U für einen absoluten Betrag oder W für eine relative Größe sein. Es empfiehlt sich, zudem entweder den gewählten Erweiterungsfaktor, k, oder aber das Vertrauensniveau, S_S, als Index mit anzugeben.

{2} Hier steht das Messergebnis zur Information.

{7} Der Freiheitsgrad des Ergebnisses, wie er nach Welch-Satterthwaite aus den einzelnen Freiheitsgraden, v_i, nach {8} und den Unsicherheitsbeiträgen, u_i, aus {9} bestimmt wurde, wird hier aufgeführt.

{8} Die erweiterte Messunsicherheit, wie sie in der Fußzeile der Spalte dargestellt wird, ergibt sich nachdem die einzelnen Beiträge der Spalte {9} quadriert, anschließend addiert und dann aus dieser Summe die Wurzel gezogen wurde. Anschließend multipliziert man noch den Wert der Wurzel mit dem gewählten Erweiterungsfaktor k und erhält die erweiterte Messunsicherheit.

Es gilt, bei jeder Rundung in den einzelnen Rechenschritten, dass man prinzipiell kaufmännisch runden kann, sofern sich hierdurch der Wert der gerundeten Zahl um nicht mehr als 5% reduziert! Ansonsten ist auch dann aufzurunden, wenn die üblichen Rundungsregeln ein Abrunden verlangen würden. Somit soll ausgeschlossen werden, dass sich durch Runden die Messunsicherheit maßgeblich verringert.

3.11 Nutzung von Teilbudgets

Es ist nicht zwingend notwendig, den gesamten Messprozess in einer einzigen Gleichung darzustellen. Das Arbeiten mit Teilbudgets ist häufig erwünscht. Es muss nur vorab betrachtet werden, wie die Teilergebnisse in das Gesamtbudget zu übernehmen sind. So kann man sich in der Art eines MODULBAUKASTENS Teilbudgets ablegen, die nach Bedarf in das Gesamtbudget eingebracht werden.

Die Verwendung von Teilbudgets verbietet sich jedoch, wenn Korrelationen zwischen einzelner Einflüsse über die Teilbudgets hinweg vorkommen.

Zweckmäßigerweise nimmt man für das Ergebnis des Teilbudgets – wo immer möglich – eine Normalverteilung an und benutzt immer den gleichen Erweiterungsfaktor. Wenn man sich hierbei für $k = 2$ entscheiden sollte, können die Einflüsse besser im Verhältnis zum Gesamtergebnis eingeschätzt werden. Der Haken ist aber, dass beim Einbringen dieses Teilbudgets der Erweiterungsfaktor wieder herausgekürzt werden muss. Insofern ist die Variante $k = 1$ ebenso sinnvoll.

Beispiel: Wenn man sich im Rahmen einer Messung auf ein Normal bezieht, liegt für dieses bereits ein Größenwert mit zugeordneter Messunsicherheit vor. Diese Informationen sind bereits in einem Kalibrierschein enthalten. Hinter dieser Einflussgröße steht bereits ein eigenes Messunsicherheitsbudget. Es ist also ein Teilbudget.

Folgende Betrachtung einer Messung mit vier Standardmessunsicherheiten a, b, c und d und deren Zusammenfassung zu zwei Teilbudgets ab (aus a und b) und cd (aus c und d) zeigt kurz die Zulässigkeit des Verfahrens.

Für jede der Komponenten gilt sinngemäß:

$$a = \sqrt{G_a} \cdot c_a \cdot u(a)$$

Gleichung 3.11-1: Standardmessunsicherheit

Für die Teilbudgets gilt:

$$ab = \sqrt{a^2 + b^2} \quad \text{und} \quad cd = \sqrt{c^2 + d^2}$$

Gleichung 3.11-2: Aufbau der Teilbudgets

Das Budget aus ab und cd:

$$abcd = \sqrt{(ab)^2 + (cd)^2}$$

Gleichung 3.11-3: Zusammenfassung der Teilbudgets

$$abcd = \sqrt{\sqrt{a^2 + b^2}^2 + \sqrt{c^2 + d^2}^2}$$

$$abcd = \sqrt{a^2 + b^2 + c^2 + d^2}$$

Gleichung 3.11-4 und 3.11-5: Übliche Budgetgleichung

Gleichung 3.11-4 und 3.11-5 haben wir hier über die Teilbudgets erhalten. Exakt die gleiche Form ist auch beim direkten Einsetzen der Standardmessunsicherheiten zu erreichen.

In der Zusammenfassung der Teilbudgets nach Gleichung 3.11-3 würde das Einbringen von Korrelationstermen, zum Beispiel zwischen a und c, nicht sinnvoll sein.

4 BEISPIELBUDGETS

4.1 DAS ERSTE BUDGET: DER BODY MASS INDEX

In diesem Beispiel werden folgende Schwerpunkte gesetzt:
- Verfahren
- Prinzipielle Überlegungen zur Analyse und zum Budget

(a) AUFGABENSTELLUNG

Die Medizin versucht schon seit langem ein Kriterium zu finden, um beurteilen zu können, ob ein Patient übergewichtig ist. Seit einigen Jahren wird hierzu der Body Mass Index (BMI) verwendet. Ein Kalibriertechniker bezweifelt, dass er zu viel Masse hat (seine Frau meint, er sei „einfach zu dick"). So schätzt er zu Hause ab, ob die von seiner Frau (nach einer Frauenzeitschrift beim Frisör) ermittelten Werte für seinen Body Mass Index korrekt sein können, oder ob er noch eine Chance hat...

<u>Typische Fehlerquelle:</u> Falsche Selbsteinschätzung.

BMI {kg·m-2}	BEWERTUNG
< 16	behandlungsbedürftiges Untergewicht
16 bis 18	deutliches Untergewicht
18 bis 20	leichtes Untergewicht
20 bis 24,9	Idealgewicht
25 bis 30	leichtes Übergewicht
30 bis 40	starkes Übergewicht
> 40	behandlungsbedürftiges Übergewicht

Tabelle 4.1-1: Body Mass Index

(b) PROZESSGLEICHUNG // DEFINITION DER MESSGRÖSSE

Die Messgröße „*Body Mass Index*" ist definiert als Quotient der Körperlänge in Metern geteilt durch die Körpermasse zum Quadrat:

$$BMI = \frac{m}{l^2}$$

Gleichung 4.1-1: Prozessgleichung

Hierzu gelten – vereinfacht – folgende Kriterien: Die Idealwerte liegen zwischen $20\,kg \cdot m^{-2}$ und $24,9\,kg \cdot m^{-2}$ und sind für Männer und Frauen identisch. Für den betroffenen Techniker wurde bei einer Körperlänge von 1,75 m und einer Masse von 97,0 kg ermittelt:

$$BMI = \frac{m}{l^2} = \frac{97,0\,kg}{1,75^2\,m^2} = 31,7\,kg \cdot m^{-2}$$

Gleichung 4.1-2: Prozessgleichung

Dieser Wert fällt in die Klasse „starkes Übergewicht".

(c) MESSUNSICHERHEITSANALYSE // EINFLUSSGRÖSSEN

Erster Schritt der Messunsicherheitsanalyse ist das Sammeln und die Diskussion der verschiedenen Einflussgrößen. Anschließend folgt das Aufstellen der Modellgleichung, indem die Einflussgrößen entsprechend der Prozessgleichung platziert werden. Danach werden aus der so entwickelten Modellgleichung die Sensitivitätskoeffizienten bestimmt:

4 BEISPIELBUDGETS

Nun stellt sich für den Techniker die Frage, wo könnte sich seine Frau „vermessen" haben. Oder konkreter: Welche der beiden Einflussgrößen Längenmessung und Ermittlung der Masse ist wie unsicher.

- MESSVERFAHREN DER LÄNGENMESSUNG, δ_{l1}

  Bei der Längenmessung vermutete der Techniker verschiedene Einflüsse: Zum einen ist die Messung selber um $a_{l1} = 2$ cm unsicher, weil er nicht gerade am Maßstab angelehnt stand (vermutet er). Die Schätzgröße wird mit Rechteckverteilung angenommen.

- ÄNDERUNG DES MESSOBJEKTES BEI DER LÄNGENMESSUNG, δ_{l2}

  Weil sich die Körperlänge des Menschen während des Tages ändert und gegen Abend hin abnimmt, liegt hierin ein Einfluss mit der Halbbreite $a_{l2} = 2$ cm begründet. Hier wird ebenfalls die Rechteckverteilung zugeordnet.

- EINFLUSS DES LÄNGENMESSMITTELS, δ_{l3}

  Hinzu kommen die Einflüsse des Maßstabes, welche mit $a_{Maß} = 1$ cm angenommen werden (Rechteckverteilung).

- MESSABWEICHUNG DER WAAGE, δ_{m1}

  Die im medizinischen Bereich zumeist eingesetzten Waagen haben Messunsicherheiten von maximal 200 g (bei m = 100 kg). Also wird ein entsprechender Anteil von $a_{m1} = 200$ g mit Normalverteilung und Erweiterungsfaktor k = 2 eingesetzt. Der Wert ist in einem Eichschein dokumentiert.

- ÄNDERUNG DES MESSOBJEKTES, δ_{m2}

  Das Frühstück lag dem Techniker noch schwer im Magen. Hierfür rechnet er – großzügigerweise – $a_{m2} = 300$ g (natürlich mit Rechteckverteilung, weil er keine genaueren Kenntnisse über seinen Verdauungstrakt hat).

Typische Fehlerquelle: Das zeitliche Verhalten des Messobjektes wird nicht ausreichend oder falsch betrachtet.

(d) MODELLGLEICHUNG

Aus der Prozessgleichung kann nun mit den zusätzlichen Messunsicherheitsbeiträgen die Modellgleichung entwickelt werden. Sie könnte wie folgt aussehen:

$$BMI = \frac{(m + \delta_{m1} + \delta_{m2})}{(l + \delta_{l1} + \delta_{l2} + \delta_{l3})^2}$$

Gleichung 4.1-3: Modellgleichung

Die jeweiligen Messunsicherheitseinflüsse sind immer dort zugeordnet worden, wo sie wirken.

Typische Fehlerquelle: Position der Messunsicherheitseinflüsse in der Modellgleichung entspricht nicht den physikalischen Grundlagen. Manchmal werden diese einfach als additive Größe angefügt. Hier sind Betrachtungen der physikalischen Dimension der Größen hilfreich. Denn wenn die Gleichung dimensionsfalsch ist, stimmt meistens die Position der Messunsicherheitseinflüsse nicht.

(e) SENSITIVITÄTSKOEFFIZIENTEN

Die Faktoren m und l in der Modellgleichung sind frei von Messunsicherheitseinflüssen, weil wir diese getrennt durch die δ-Terme ausgedrückt haben. Also müssen wir auch nur die Sensitivitätskoeffizienten dieser Faktoren bestimmen. Wir leiten partiell ab:

$$c_{m1} = \frac{\partial BMI}{\partial \delta_{m1}} = \frac{1}{(l + \delta_{l1} + \delta_{l2} + \delta_{l3})^2} \approx \frac{1}{l^2}$$

Gleichung 4.1-4: Sensitivitätskoeffizienten

Für c_{m2} ergibt sich das gleiche Ergebnis. Für die drei Sensitivitätskoeffizienten c_{l1}, c_{l2} und c_{l3} ergeben sich ebenfalls zueinander identische Werte, weshalb wir lediglich eine Ableitung exemplarisch ausführen werden:

$$c_{l1} = \frac{\partial BMI}{\partial \delta_{l1}} = -2 \frac{(m + \delta_{m1} + \delta_{m2})}{(l + \delta_{l1} + \delta_{l2} + \delta_{l3})^3} \approx -\frac{2m}{l^3}$$

Gleichung 4.1-5

Wir haben soeben gesehen, dass die Entwicklung der Sensitivitätskoeffizienten sich schon bei einfachen Gleichungen aufwendig gestalten kann. Hier muss man aber den Blick für das Wesentliche behalten. Man kann in vielen Fällen (aber leider nicht immer) großzügig vereinfachen, weil hier nicht der Erwartungswert des Ergebnisses im Mittelpunkt der Betrachtung steht, sondern seine Messunsicherheit. Diese braucht aber nur auf zwei numerische Stellen bestimmt werden. Dann ergibt es sich bei den partiellen Ableitungen öfters, dass wir in den Sensitivitätskoeffizienten Fälle wie $x+\delta x$ haben, wobei δx klein gegenüber x ist. Für diesen Fall kommt eine Näherung in Betracht. Aber wir können kein allgemeingültiges Rezept angeben, wann vereinfacht werden darf und wann nicht. Im Wesentlichen muss man hierzu zunächst das Verhältnis von $(x+\delta x)$ zu x und dieses wiederum unter Berücksichtigung von $G_x \cdot c_x \cdot a_x$ in Relation zur gesamten Messunsicherheit sehen.

Nachdem dann die Gewichtungsfaktoren den Messunsicherheitseinflüssen zugeordnet worden sind, die Modellgleichung bekannt ist und hieraus die Sensitivitätskoeffizienten ermittelt wurden, ist die eigentliche Messunsicherheitsanalyse abgeschlossen. Der Rest ist lediglich Einsetzen in bekannte Gleichungen und/oder Tabellen.

(f) BUDGETGLEICHUNG

Wir setzen hier alle in der Messunsicherheitsanalyse aufbereiteten Erkenntnisse in die goldene Gleichung der Messunsicherheit ein (angestrebt wird der in der Messtechnik übliche Erweiterungsfaktor von $k = 2$):

$$U_K = k \cdot \sqrt{\sum_{i=1}^{n} G_i (c_i \cdot a_i)^2}$$

$$= \sqrt{\begin{array}{l} G_{l1}(c_{l1} a_{l1})^2 + G_{l2}(c_{l2} a_{l2})^2 + G_{l3}(c_{l3} a_{l3})^2 \\ + G_{m1}(c_{m1} a_{m1})^2 + G_{m2}(c_{m2} a_{m2})^2 \end{array}}$$

Gleichung 4.1-6: Budgetgleichung

Hier könnte man alle Größen einsetzen, was aber etwas unübersichtlich werden würde. Daher wurde eine entsprechende tabellarische Form entwickelt, welche Gleiches eleganter erfüllt, in einer Tabellenkalkulation gut umgesetzt werden kann und es einem ermöglicht, die Übersicht besser zu behalten:

4   Beispielbudgets

MESSUNSICHERHEITSBUDGET

{1}	{2}	{3}	{4}	{5}	{6}	{7}	{8}
Einflussgröße	Schätzwert	Halbbreite des Messunsicherheitseinfluss	Verteilung	Gewichtung	Sensitivitätskoeffizient	Freiheitsgrad	Standardmessunsicherheit
δ	s	a		$\sqrt{G}$	c	ν	u {3}·{5}·{6}
l	1,750 m	0					
δ_{l1}		0,02 m	R	$1/\sqrt{3}$	$-36{,}2$ kg·m^{-3}	∞	0,42 kg·m^{-2}
δ_{l2}		0,02 m	R	$1/\sqrt{3}$	$-36{,}2$ kg·m^{-3}	∞	0,42 kg·m^{-2}
δ_{l3}		0,01 m	R	$1/\sqrt{3}$	$-36{,}2$ kg·m^{-3}	∞	0,21 kg·m^{-2}
m	97,0 kg	0					
δ_{m1}		0,1 kg	N	1	0,327 m^{-2}	50	0,033 kg·m^{-2}
δ_{m2}		0,3 kg	R	$1/\sqrt{3}$	0,327 m^{-2}	∞	0,057 kg·m^{-2}
$U_{95\%}$	31,7 kg·m^{-2}						**1,26 kg·m^{-2}**

Tabelle 4.1-2: Messunsicherheitsbudget Body Mass Index

- Wir empfehlen, alle Größen in SI-Basiseinheiten einzusetzen und erst anschließend in die gewünschte Form zu bringen.
- Wir führen die ermittelten Messwerte als Einflussgröße mit ihren Schätzwerten (zum Beispiel Ablesewerte) auf. Dies ist aber kein „Muss". Gelegentlich ordnet man diesen Einflussgrößen direkt Messunsicherheitseinflüsse zu und stellt diese nicht mit δ-Termen dar.
- Die in der Tabelle berücksichtigten Sensitivitätskoeffizienten wurden auf der Basis der gemachten Näherungen ermittelt. Die bekannten Messwerte wurden eingesetzt.
- Im Budget wurde zumeist aufgerundet, damit man mit dem Endergebnis auf der sicheren Seite liegt und nicht Gefahr läuft, ein zu kleines Messunsicherheitsintervall anzugeben.
- Bei der Einflussgröße δ_{m1} wurde eine normalverteilte Größe eingesetzt, welche bereits mit $k = 2$ erweitert war ($\rightarrow$ Messunsicherheitsanalyse). Im Budget rechnen wir jedoch immer mit den ursprünglichen Einflussgrößen. Also muss die halbe Größe von {7} (hier: 100 g) eingesetzt werden.
- Zu beachten ist, dass sich bei der Multiplikation des Sensitivitätskoeffizienten (Spalte {7}) mit der Standardmessunsicherheit {6} ein einheitenrichtiger Messunsicherheitsbeitrag (hier in kg·m^{-2}) zum Gesamtbudget ergeben muss!
- Wir stellen den Messunsicherheitsbeitrag {9} immer positiv dar, auch wenn das Ergebnis formal negativ wäre und erst durch die Quadratur des Summanden unter der Wurzel sein Vorzeichen wechseln würde. Dies hat den Grund, dass man dann auch Korrelationen in der gleichen Tabelle darstellen könnte, welche gegebenenfalls die Messunsicherheit verringern.

(g) ANNAHME DER KORRELATION

Die Messgrößen werden als unkorreliert angenommen.

(h) BESTIMMUNG DES FREIHEITSGRADES DES ERGEBNISSES

Zuletzt prüfen wir bei jedem Budget, ob die Annahme gerechtfertigt ist, dass wir mit dem gewählten Erweiterungsfaktor auch das angestrebte Vertrauensniveau erreichen. Hier können wir sagen, dass wir das Kriterium für des Freiheitsgrad $v \geq 50$ deutlich erfüllen. Der Freiheitsgrad des Ergebnisses ist nach Welch-Sattertwaithe wie folgt abzuschätzen:

$$v = \frac{u^4}{\sum_{i=1}^{N} \frac{u_i^4(y_i)}{v_i}}$$

$$= \frac{1{,}26^4}{\frac{0{,}42^4}{\infty} + \frac{0{,}42^4}{\infty} + \frac{0{,}21^4}{\infty} + \frac{0{,}033^4}{50} + \frac{0{,}057^4}{\infty}}$$

$$= \frac{2{,}5}{0 + 0 + 0 + 2{,}4 \cdot 10^{-8} + 0} > 1 \cdot 10^8$$

Alle Größen in $kg \cdot m^{-2}$

Gleichung 4.1-7: Abschätzung des Freiheitsgrades des Messergebnisses

(i) VOLLSTÄNDIGES ERGEBNIS

Das vollständige Ergebnis beinhaltet eine zwei Stellen (auf)gerundete, erweiterte Messunsicherheit und ein Ergebnis, welches auf die gleiche signifikante Stelle gerundet wurde (gegebenenfalls kann man eine Stelle mehr angeben, wenn man die Lage des Schätzwertes zur zugeordneten Messunsicherheit deutlicher zeigen möchte). Zudem wird entweder der Erweiterungsfaktor oder aber das Vertrauensniveau mit dargestellt:

$$BMI = 31{,}7 \text{ kg} \cdot m^{-2}, U_{0{,}95} = 1{,}3 \text{ kg} \cdot m^{-2}$$

Nachdem der zweifelnde Techniker etwa eine Stunde Zeit aufgewendet hat, um festzustellen, dass er kaum einen Grund hat, an seinem Body Mass Index zu zweifeln, stellt sich nun – wie immer bei der Betrachtung der Messunsicherheit – die Frage, ob der Aufwand gerechtfertigt war.

4.2 Reihenschaltung von Widerständen

In diesem Beispiel werden folgende Schwerpunkte gesetzt:
- Grundlagen
- Schematischer Aufbau
- Tabellarische Auswertung des Budgets

R_{100}: Referenzwiderstand

R_{Dec}: (Genutzter) Widerstand der Dekade

R_{Konn1}: Übergangswiderstand der Verbindung zwischen beiden Widerständen (als empirisch bestimmte Größe, → Messunsicherheitsanalyse)

(a) Aufgabenstellung

Zu Testzwecken soll ein 100 Ω-Platinwiderstandsthermometer durch einen entsprechenden Widerstand simuliert werden. Hierzu muss ein Wert $R = 100{,}12\ \Omega$ realisiert werden. Es ist zu klären, mit welcher Messunsicherheit ein durch Reihenschaltung simulierter Normalwiderstand zu betrachten ist. Zur Verfügung steht ein Referenzwiderstand, $R_{100} = 100\ \Omega$, sowie eine Präzisionswiderstandsdekade, welche in 0,1 Ω-Schritten geschaltet werden kann.

<u>Typische Fehlerquelle:</u> Es wird hier keine explizite Messaufgabe gestellt, sondern ein Teilbudget aufgestellt. Also kann die festgestellte Messunsicherheit auch nicht so einfach auf das Ergebnis anderer Messungen übertragen werden, welche mit Hilfe dieser Widerstände durchgeführt werden.

(b) Definition der Messgröße

Die Messgröße R_{Sim} beschreibt den Gleichstromwiderstand der in Reihe geschalteten Widerstände R_{100} und R_{Dec}.

(c) Prozessgleichung

Die Prozessgleichung zeigt das ideale Modell der Auswertung noch ohne Berücksichtigung der Messunsicherheitseinflüsse:

$$R_{Sim} = R_{100} + R_{Dec} + R_{Konn1}$$

Gleichung 4.2-1: Prozessgleichung

(d) Messunsicherheitsanalyse // Einflussgrössen

Diskussion der Einflussgrößen, Modellgleichung, Sensitivitätskoeffizienten... eben das volle Programm, wie bereits erläutert.

- Referenzwiderstand δR_{100}

Der 100 Ω Referenzwiderstand hat – laut Kalibrierschein einen festgestellten Wert von 99,92 Ω bei einer erweiterten Messunsicherheit von 0,01% vom Nennwert 100 Ω (≡10 mΩ). Diese Messunsicherheit ist mit $k = 2$ erweitert. Also wird der halbe Beitrag ($1/k$) von $u_{R100} = 5\ \text{m}\Omega$ in das Budget übernommen. Der Messunsicherheitseinfluss wird im Budget nicht extra aufgeführt werden, sondern bleibt R_{100} zugeordnet.

Dies ist lediglich eine mögliche Variante der Notation. Selbstverständlich könnte man auch $(R_{100} + \delta_{R100})$ nutzen.

- Widerstandsdekade δR_{Dec}

Die Widerstandsdekade wird genutzt, um einen Beitrag von 200 mΩ zum Gesamtwiderstand zu liefern. Hierzu wissen wir aus den Herstellerspezifikationen, dass wir einen Unsicherheitsbeitrag als Maximum Permissible Error (*MPE*) annehmen müssen, welchen wir dem Datenblatt entnehmen. Der Hersteller nennt hierzu $U = \pm 20\ \text{m}\Omega$. Bei *MPE*-Werten gehen wir von einer Rechteckverteilung aus. Die 20 mΩ entsprechen der halben Intervallbreite der Rechteckverteilung. Der Messunsicherheitseinfluss wird im Budget

BEISPIELBUDGETS

nicht extra aufgeführt, sondern bleibt R_{Dec} zugeordnet.

Typische Fehlerquelle: Annahme, dass eine Herstellerspezifikation mit Normalverteilung und Erweiterungsfaktor $k = 2$ vorliegt.

- INTERNE KONNEKTION δR_{KInt}

Der Nennwert des Übergangswiderstandes, R_{KInt}, für die Konnektion zwischen den beiden verwendeten Widerständen ist 0 Ω. In der Praxis ist dieser Wert nicht erreichbar und es treten immer ungewollte Übergangswiderstände auf. Durch empirische Untersuchungen an verschiedenen Widerständen konnte einer Widerstandserhöhung ermittelt werden. Folgende Messwerte wurden ermittelt:

Messwert	Widerstandserhöhung in mΩ
1	8,5
2	12,5
3	7,3
4	6,3
5	7,4
6	7,7
7	8,8

Tabelle 4.2-1: Messreihe: Widerstandserhöhung

Der systematische und damit korrigierbare Teil der obigen Messreihe entspricht dem gemessenen Mittelwert $R_{KInt} = 8,4$ mΩ. Diese Größe ist zudem mit einer Halbbreite der Einflussgröße, $a_{KInt} = 4$ mΩ, behaftet, welche sich aus der Varianz der Messreihe ergibt.

Typische Fehlerquelle: Benutzung der Standardabweichung an Stelle der Varianz als Einflussgröße in das Messunsicherheitsbudget. Die Varianz hat als Bezugswert den festgestellten Mittelwert einer Reihe. Die Standardabweichung bezieht sich hingegen immer auf die einzelnen Werte der Reihe.

a_{KInt} ist – als empirisch ermittelte Größe – normalverteilt und hat den Freiheitsgrad $v = 7-1$. Der Messunsicherheitseinfluss wird im Budget nicht extra aufgeführt werden, sondern bleibt R_{KInt} zugeordnet.

- EXTERNE KONNEKTION δR_{KExt}

Die Widerstandskette hat je einen Ein- und Ausgang. Demnach geht der betreffende Messunsicherheitseinfluss δR_{KExt} zweimal in das Budget mit ein. Die zugeordnete Halbbreit der Einflussgröße a_{KExt} ist entsprechend zu definieren. Angesetzt wird $a_{KExt} = 2,5$ mΩ mit Rechteckverteilung je Konnektor. Der Faktor 2 für die doppelte Berücksichtigung findet sich in der Modellgleichung wieder (Alternativ kann man den Messunsicherheitsbeitrag hier verdoppeln).

Typische Fehlerquelle: Mehrfach zu berücksichtigende Messunsicherheitseinflüsse müssen jeweils an den Stellen neu eingesetzt werden, an denen die Wirkung zu berücksichtigen ist.

Der Messunsicherheitseinfluss wird hier als δ-Term übernommen, weil wir ihn nicht einer anderen Größe mit einem Wert ≠0 zuordnen können.

(e) MODELLGLEICHUNG

Die Modellgleichung ergänzt die Prozessgleichung um die noch nicht berücksichtigten Einflussgrößen.

$$R_{Sim} = R_{100} + R_{Dec} + R_{KInt} + 2 \cdot \delta R_{KExt}$$

Gleichung 4.2-2: Modellgleichung

(f) SENSITIVITÄTSKOEFFIZIENTEN

Leitet man die Modellgleichung nach allen Größen hin ab, welche Träger von Messunsicherheiten sind, erhalten wir die Sensitivitätskoeffizienten:

$$c_{R100} = \frac{\partial R_{Sim}}{\partial R_{100}} = 1, \quad c_{RDec} = \frac{\partial R_{Sim}}{\partial R_{Dec}} = 1,$$

$$c_{RKInt} = \frac{\partial R_{KInt}}{\partial R_{Dec}} = 1, \quad c_{RKExt} = \frac{\partial R_{KExt}}{\partial R_{Konn\ 2}} = 2$$

Gleichung 4.2-3: Sensitivitätskoeffizienten

(g) BUDGETGLEICHUNG

Die Einflussgrößen und ihre Messunsicherheitsbeiträge sind bekannt; die Sensitivitätskoeffizienten bestimmt und die Gewichtungsfaktoren wurden gewählt. Dann setzen wir an:

$$U_{0,95} = 2 \cdot \sqrt{G_{R100} \cdot (c_{R100} \cdot a_{R100})^2 + G_{RDec} \cdot (c_{RDec} \cdot a_{RDec})^2 + \ldots \\ \ldots + G_{RKExt} \cdot (c_{RKExt} \cdot a_{RKExt})^2 + G_{RKInt} \cdot (c_{RKInt} \cdot a_{RKInt})^2}$$

$$U_{0,95} = 2 \cdot \sqrt{1 \cdot \left(1 \cdot \frac{10\,m\Omega}{2}\right)^2 + \frac{1}{3} \cdot (1 \cdot 20\,m\Omega)^2 + \frac{1}{3} \cdot (2 \cdot 2{,}5\,m\Omega)^2 + 1 \cdot (4\,m\Omega)^2} = 27\,m\Omega$$

Gleichung 4.2-4: Budgetgleichung

(h) MESSUNSICHERHEITSBUDGET

Alternativ kann man auch folgendes, übersichtliches Schema zur Berechnung nutzen:

{1}	{2}	{3}	{4}	{5}	{6}	{7}	{8}
Einflussgröße	Schätzwert	Halbbreite des Messunsicherheitseinfluss	Verteilung	Gewichtung	Sensitivitätskoeffizient	Freiheitsgrad	Standardmessunsicherheit
δ	s	a		$\sqrt{G}$	c	ν	u {3}{5}{6}
R_{100}	99,92 Ω	5 mΩ	N	1	1	50	5 mΩ
R_{Dec}	200 mΩ	20 mΩ	R	$1/\sqrt{3}$	1	∞	11,6 mΩ
R_{KInt}	8,4 mΩ	4 mΩ	N	1	1	6	4 mΩ
R_{KExt}	0	2,5 mΩ	R	$1/\sqrt{3}$	2	∞	3 mΩ
$U_{0,95}$	100,12 Ω						27 mΩ

Tabelle 4.2-2: Messunsicherheitsbudget

(i) Annahme der Korrelation

Die Messgrößen werden als unkorreliert angenommen.

Die entsprechende Annahme sollte zumindest intern begründet werden, damit später nachvollziehbar bleibt. Eine ausführliche Diskussion im Rahmen des Messunsicherheitsbudget oder der Messunsicherheitsanalyse ist nicht notwendig.

(j) Bestimmung des Freiheitsgrades des Ergebnisses

Der Freiheitsgrad des Ergebnisses ist wie folgt abzuschätzen:

$$\nu = \frac{u^4}{\sum_{i=1}^{N} \frac{u_i^4(y_i)}{\nu_i}}$$

$$= \frac{15^4 \, m\Omega^4}{\frac{5^4 \, m\Omega^4}{50} + \frac{11,5^4 \, m\Omega^4}{\infty} + \frac{4^4 \, m\Omega^4}{6} + \frac{3^4 \, m\Omega^4}{\infty}} = 918$$

Gleichung 4.2-5: Abschätzung des Freiheitsgrades des Messergebnisses

Im Zähler ist nicht die erweiterte Messunsicherheit vom 30 mΩ eingesetzt worden, sondern die nicht erweiterte Größe. Denn diese wird daraufhin geprüft, ob sie die Bedingungen an den gewünschten Freiheitsgrad erfüllt.

Da $\nu \geq 50$ erfüllt ist, reicht es aus, das Messergebnis mit $k = 2$ zu erweitertern, um ein Vertrauensniveau $S_S = 0,95$ zu erreichen.

<u>Typische Fehlerquelle:</u> Der Freiheitsgrad wird nicht geprüft, da er fast immer > 50 ist. Bei geringeren Freiheitsgraden wird die erweiterte Messunsicherheit zu gering angenommen.

(k) Vollständiges Ergebnis

Bei der Darstellung des Ergebnisses orientiert man sich daran, dass dieses physikalisch und mathematisch korrekt ist. So müssen die Summanden einer Summe in den gleichen Dimensionen vorliegen und relative Messunsicherheitsbeiträge dürfen die physikalische Dimension des Ergebnisses nicht ändern. Man kann daher das Ergebnis in folgender Form darstellen:

$R = 100,12 \, \Omega \pm 27 \, m\Omega, k = 2$

oder: $R = 100,12 \, \Omega, U_{0,95} = 27 \, m\Omega$

oder: $R = 100,12 \, \Omega \cdot (1 \pm 3 \cdot 10^{-4}), S_S = 95\%$

Zudem ist die Angabe des Erweiterungsfaktors, oder des Vertrauensniveau notwendig. Man kann diese Informationen ja entsprechend – wie oben dargestellt – einbinden, oder eine entsprechende Erläuterung dem Ergebnis hinzufügen:

Angegeben ist die erweiterte relative Messunsicherheit, die sich aus der Standardmessunsicherheit durch Multiplikation mit dem Erweiterungsfaktor k = 2 ergibt. Sie wurde gemäß DKD-3 ermittelt. Der Wert der Messgröße liegt im Regelfall mit einer Wahrscheinlichkeit von angenähert 95% im zugeordneten Werteintervall.

4.3 Strommessung, Messmittel gegen Messmittel

In diesem Beispiel werden folgende Schwerpunkte gesetzt:

- Common View Vergleich
- Formales Vorgehen im Detail erklärt
- Einflussgrößen
- „Umgehen" der Korrelation

(a) Aufgabenstellung

Ein „Common View" Vergleich: Ein möglicher Ansatz zur Kalibrierung eines Prüflings ist der direkte Vergleich mit einem funktional gleichartigen Normal, wie das gleichzeitige Messen eines Stroms mit zwei Multimetern. Eines erfüllt die Funktion des Bezugnormals, wohingegen das zweite als Prüfling betrachtet wird. An den Generator werden keine besonderen Anforderungen gestellt, da er nur als Stimulus eingesetzt wird. Er sollte nur hinreichend kurzzeitstabil sein.

Der Gerätehalter verfolgt die Philosophie, dass er im Wechsel alle sechs Monate jeweils eines der Multimeter kalibrieren lässt. Anschließend wird das andere Multimeter gegen das soeben kalibrierte Multimeter kalibriert. Es ist nun zu klären, mit welchen Messunsicherheiten die Messunsicherheit des Bezugsnormals auf den Prüfling übertragen werden kann.

Dieses Verfahren hat sich in der Praxis bewährt. Zum einen hat man aufgrund der zeitlichen Entzerrung immer ein kalibriertes Normal vor Ort und zum anderen gewährleistet die Möglichkeit der Vergleichsprüfung, gerätespezifische Probleme frühzeitig zu erkennen, ohne direkt auf eine Fremdkalibrierung/-instandsetzung zurückgreifen zu müssen. Das Verfahren ist aber kein Ersatz für eine externe Rückführung der Messmittel.

Betrachtet werden soll eine Vergleichsprüfung zweier hochwertiger, identischer Multimeter mit 6½ Stellen im 1,999 999 A Messbereich bei 1A. Hierzu wird folgende Stromschleife aufgebaut:

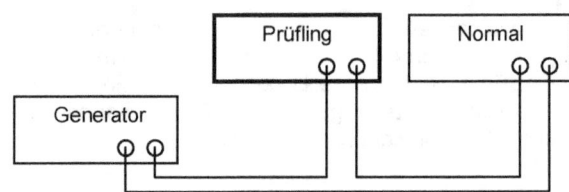

Diagramm 4.3-1: Messaufbau der Stromschleife

Die Stromschleife hat den Vorteil, dass die zu messende Größe überall in der Schleife gleich groß ist. Und Umwelteinflüsse auf Prüfling und Normal in gleicher Art (korreliert) wirken.

(b) Definition der Messgröße

Die Messgröße ΔI_{DUT} steht für die Abweichung des Messergebnisses vom Nominalwert eines vorgegebenen Stroms.

<u>Typische Fehlerquelle</u>: Die Definition der Bezugsgröße fehlt. Sie muss auch nicht zwingend in der Messunsicherheit dargestellt werden. Aber auf jeden Fall gehört sie zur Aufgabe. Hier kann man ΔI entweder als Abweichung vom Vorgabewert oder als Abweichung vom richtigen Wert interpretieren.

(c) Prozessgleichung

$$\Delta I_{DUT} = I_{DUT} - (I_N + \Delta I_{CAL})$$

Gleichung 4.3-1: Prozessgleichung

ΔI_{DUT}: Der Messwert

ΔI_{CAL}: (Reproduzierbare) festgestellte Abweichung des Normals vom Nennwert

I_{DUT}: Ablesewert am Prüfling

I_N: Ablesewert am Normal

BEISPIELBUDGETS

(d) MESSUNSICHERHEITSANALYSE // EINFLUSSGRÖßEN

- **DARSTELLUNGSFEHLER DES STROMES DES GENERATORS, δ_{Gen}**

Der Generator dient lediglich als Stimulus. Sein Einfluss auf das Messergebnis wurde untersucht und als unerheblich befunden.

- **MESSUNSICHERHEIT DES VORGEGEBENEN STROMES AM NORMAL (ABWEICHUNG DER ANZEIGE)**

Als erweiterte Messunsicherheit des Normals wird die bei der Kalibrierung zugeordnete Messunsicherheit von $U_{0,95} = 100\ \mu A$ zuzüglich einem Zuschlag von 50% für die Ortsveränderung des Normals. Diese Messunsicherheit wurde im Kalibrierschein mit einem Erweiterungsfaktor $k = 2$ angegeben. Von einer Normalverteilung kann ausgegangen werden. Angesetzt werden als Halbbreite der Einflussgröße $a_{CAL} = 75\ \mu A$. Dies ist der um $1/k = \frac{1}{2}$ reduzierte Anteil der Einflussgröße.

<u>Typische Fehlerquelle:</u> Es wird oftmals vorausgesetzt, dass die festgestellte Messunsicherheit bei der Kalibrierung des Normals bis zur Wiedervorstellung einfach übernommen werden können. Diese Annahme ist nur in den wenigsten Fällen wirklich gerechtfertigt und sollte dann auch belegt werden können. Ansonsten muss man davon ausgehen, dass bei empfindlichen Messmitteln auch schon der Transport und die Ortsveränderung vom Kalibrierlabor zum Einsatzort zu einer erhöhten Messunsicherheit führen können.

- **AUFLÖSUNG DER ANZEIGEN**

Wir betrachten ein 6½-stelliges Multimeter. Die Auflösung liegt im betrachteten Bereich bei 1 µA. Da nicht bekannt ist, wo der richtige Wert im Intervall von ±0,5 µV liegt, wird diese Einflussgröße mit Rechteckverteilung abgeschätzt.

Die Auflösung der Anzeige des Normals ist bereits im soeben betrachteten Messunsicherheitseinfluss δ_{DUT} berücksichtig. Daher wird δ_N nicht weiter betrachtet. Für den Prüfling sollte die Halbbreite der Einflussgröße mit dem Betrag a_{DUT} berücksichtigt werden.

Es wird sich später zeigen, dass dieser Beitrag zum Messunsicherheitsbudget aufgrund seiner Größe vernachlässigt werden kann. Es ist aber ein sinnvolles Vorgehen, zunächst alle <u>möglicherweise</u> relevanten Einflussgrößen zu betrachten. Auch wenn diese nachher als unerheblich erkannt werden, zeigt es, dass man die betreffenden Faktoren betrachtet hat und es macht die Entscheidung nachvollziehbar, warum dann diese Größe im Messunsicherheitsbudget nicht mehr in Erscheinung tritt.

- **DRIFT DES GENERATORS SEIT DER LETZTEN KALIBRIERUNG, δ_{Drift}**

Bei jeder seriösen Betrachtung der Messunsicherheit des Normals muss man berücksichtigen, dass es mehr oder weniger instabil ist (und daher natürlich nach einer gewissen Zeit wieder kalibriert werden muss). Man schätzt die Drift des Normals über den Zeitraum zwischen zwei Kalibrierungen auf der Basis der Kenntnisse ab, welche man über das Normal zur Verfügung hat. Dies geschieht mit Hilfe bekannter Historien, oder über ausreichend große Zuschläge zur Messunsicherheit zum Zeitpunkt der Kalibrierung.

Die letzte Kalibrierung des Normals liegt im aktuellen Monat. Daher soll ein zusätzlicher Beitrag von 15 µA mit angenommener Rechteckverteilung übernommen werden, weil die Einflussgröße abgeschätzt wurde.

(e) FUNKTIONSDIAGRAMM

Das Funktionsdiagramm sieht mit Darstellung der Messunsicherheitseinflüsse wie folgt aus:

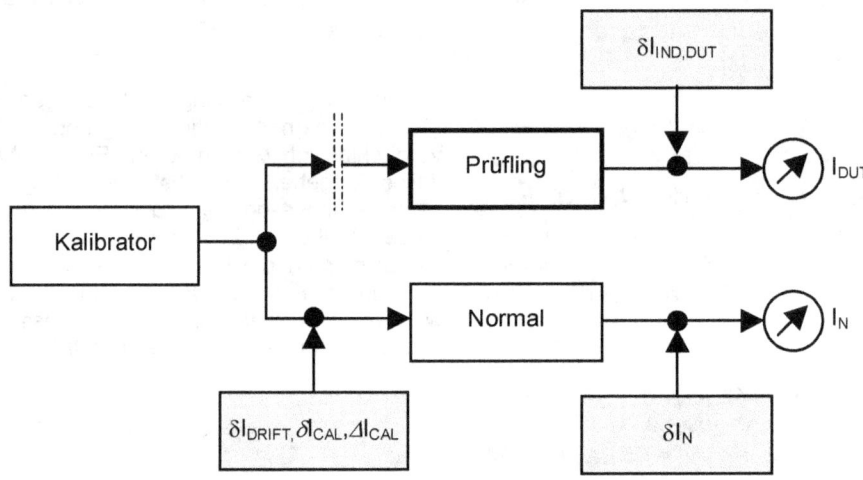

Diagramm 4.3-2: Funktionsdiagramm der Stromschleife

(f) MODELLGLEICHUNG

Die Modellgleichung für den betrachteten Fall könnte dann wie folgt aus dem idealen Modell der Messung entwickelt werden:

$$\Delta I_{DUT} = I_{DUT} - (I_N + \Delta I_{CAL}) + \delta I_{CAL} + \delta I_{DRIFT} + \delta I_N + \delta I_{DUT}$$

Gleichung 4.3-2: Modellgleichung zur Stromschleife

(h) BUDGETGLEICHUNG

Hierzu könnte man auch folgende Budgetgleichung angeben:

$$U_{0,95} = 2 \cdot \sqrt{\frac{1}{3}\left(a_{DUT}^2 + a_{DRIFT}^2\right) + a_{CAL}^2}$$

Gleichung 4.3-3: Budgetgleichung

(g) SENSITIVITÄTSKOEFFIZIENTEN

Aus der Modellgleichung ergibt sich, dass alle Sensitivitätskoeffizienten den Wert 1 oder –1 haben. Die Modellgleichung besteht nur aus ungewichteten Summanden.

BEISPIELBUDGETS

(i) MESSUNSICHERHEITSBUDGET

{1}	{2}	{3}	{4}	{5}	{6}	{7}	{8}
Einflussgröße	Schätzwert	Halbbreite des Messunsicherheitseinfluss	Verteilung	Gewichtung	Sensitivitätskoeffizient	Freiheitsgrad	Standardmessunsicherheit
δ	s	a		$\sqrt{G}$	c	ν	U {3}·{5}·{6}
δ_{CAL}		75 µA	N	1	1	50	75 µA
δ_{DRIFT}		15 µA	R	$1/\sqrt{3}$	1	∞	8,7 µA
δ_N		0	R	1	1	∞	0
δ_{DUT}		0,5 µA	R	$1/\sqrt{3}$	1	∞	0,3 µA
$U_{95\%}$						> 50	151 µA

Tabelle 4.3-1: Messunsicherheitsbudget Stromschleife

(j) ANNAHME DER KORRELATION

Die Messgrößen werden als unkorreliert angenommen.

→ *Bemerkungen zur Anwendung der Formel im Beispiel 4.2, Seite 60*

(k) BESTIMMUNG DES FREIHEITSGRADES DES ERGEBNISSES

Eine Abschätzung des Freiheitsgrades nach Welch-Sattertwaithe ist nicht notwendig. Keine Einflussgröße hat einen geringeren Freiheitsgrad als $\nu = 50$. Daher kann auch das Endergebnis keinen kleineren Freiheitsgrad aufweisen. Zudem wird das Budget durch einen einzigen Term dominiert, welcher bereits einen Freiheitsgrad von $\nu = 50$ aufweist.

(l) VOLLSTÄNDIGES ERGEBNIS

Für den Fall, dass als Messabweichung $\Delta I = -87$ µA festgestellt wurde, könnte das vollständige Messergebnis in folgender Form angegeben werden:

$$\Delta I = (-87 \pm 151) \text{ µA}$$

Ein Hinweis auf die mit $k = 2$ erweiterte Messunsicherheit darf nicht fehlen.

4.4 DREHMOMENTMESSSYSTEM

4.4.1 ERSTE ABSCHÄTZUNGEN DER MESSUNSICHERHEIT

Dieses Beispiel besteht aus zwei Teilen. Zunächst wird ein einfaches Budget zur ersten Abschätzung erstellt; später werden dann weitere Kenntnisse eingebracht. Weiterhin wurden folgende Schwerpunkte gesetzt:

- Einfache Abschätzungen
- Berücksichtigung nichtlinearer Funktionen (hier: Sinus)
- Darstellung des Budgets mit relativen Größen

In diesem Beispiel wollen wir eine erste Abschätzung eines Messunsicherheitsbudgets vorstellen. In einem folgenden Schritt (→ 4.4.2, „*Verfeinerung des Modells durch Einbringung weiterer Kenntnisse*", Seite 72) verfeinern wir das Modell durch das Einbringen weiterer Kenntnisse.

(a) AUFGABENSTELLUNG

Es ist gefordert, ein Drehmoment von $\underline{M}$ = 120 Nm zu erzeugen. Zur Verfügung steht eine Messanordnung mit einem Hebelarm von 0,60 m Länge und den notwendigen Gewichten. Die Gleichung zur Bestimmung des Drehmomentes haben wir bereits in einem anderen Zusammenhang betrachtet.

(b) PROZESSGLEICHUNG // DEFINITION DER MESSGRÖSSE

Die Prozessgleichung könnte in einer ersten, groben Betrachtung folgendes Aussehen haben und somit der Definition der Messgröße entsprechen:

$$\underline{M} = \underline{F} \times \underline{l}$$

Gleichung 4.4-1: Prozessgleichung Drehmoment (I)

$\underline{M}$: Drehmoment in Vektordarstellung
$\underline{F}$: Wirkende Kraft in Vektorschreibweise
$\underline{l}$: Hebelarm (Vektor)

Weil wir in jetzt keine Vektorgrößen betrachten wollen und uns nur der Betrag des Ergebnisses interessiert, ist es notwendig, die Prozessgleichung entsprechend umzuformen: Hierdurch tritt eine zusätzliche Einflussgröße zu Tage, welche ebenfalls mit einer Messunsicherheit behaftet sein kann:

<u>Typische Fehlerquelle</u>: Die Prozessgleichung entspricht zwar der Definition der Messgröße, spiegelt aber nicht das Messverfahren wieder. Dies geschieht des Öfteren, wenn man als Prozessgleichung einfach eine entsprechende Formel aus der Grundlagenliteratur übernimmt.

$$M = F \cdot l \cdot \sin(\varphi)$$

Gleichung 4.4-2: Prozessgleichung Drehmoment (II)

Diese einfache Gleichung kann auch bereits als Modellgleichung betrachtet werden, denn sie enthält alle notwendigen Parameter. Lediglich die Vektormultiplikation könnte je nach Darstellung noch störend sein.

(c) MESSUNSICHERHEITSANALYSE // EINFLUSSGRÖSSEN

Man kann aber schnell ein einfaches Budget mit folgenden Unsicherheitsbeiträgen zusammenstellen. Die Messunsicherheitsanalyse beginnt wieder mit dem Sammeln und der Diskussion der verschiedenen Einflussgrößen.

Typische Fehlerquelle: Zu beachten ist, dass wir in diesem Beispiel mit relativen Größen rechnen, da sich dies aufgrund der Struktur der Gleichung mit multiplikativen Größen anbietet. Daher wird das Formelzeichen w, anstatt des geläufigen u für die Standardmessunsicherheit genutzt. Für die Halbbreiten der Einflussgrößen nutzen wir jedoch weiterhin a.

- Das gewünschte Drehmoment:

$$M = 120 \, Nm$$

Gleichung 4.4-3

In der Aufstellung steht M für den Erwartungswert der Messgröße.

- Die relative Messunsicherheit der Bestimmung der aufgebrachten Kraft bezogen auf die wirkende Kraft:

$$a_F = \frac{\Delta F}{F} = 0{,}01$$

Gleichung 4.4-4

- Die relative Messunsicherheit der Ermittlung der Länge des Hebelarmes bezogen auf die Länge des Hebelarmes:

$$a_l = \frac{\delta l}{l} = 0{,}005$$

Gleichung 4.4-5

- Die Messunsicherheit, welche aufgrund der Bestimmung des Winkels unsere Messgröße beeinflusst:

$$a_{\sin(\varphi)} = \frac{\sin(\delta\varphi)}{\sin(\varphi)} = \frac{\sin(2°)}{\sin(90°)} = 0{,}035$$

Gleichung 4.4-6

- Die systematischen Einflüsse, welche ausgehend von der Messanordnung berücksichtigt werden müssen:

$$w_{sys} = 0{,}005$$

Gleichung 4.4-7

(d) FUNKTIONSDIAGRAMM

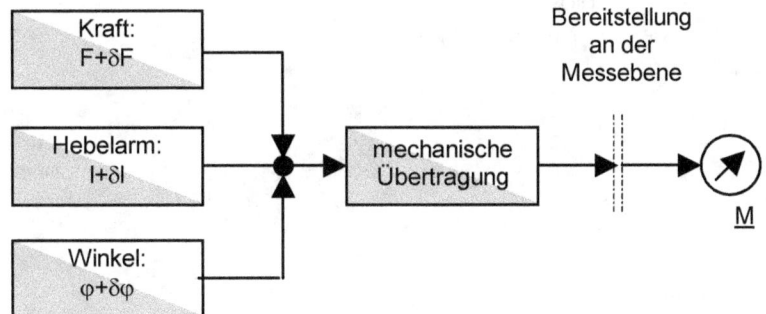

Diagramm 4.4-1: Funktionsdiagramm Drehmoment

Hier werden – anders als im vorherigen Beispiel – die verschiedenen Einflussgrößen mit den jeweils zugeordneten Messunsicherheitseinflüssen dargestellt (daher sind die Flächen auch nicht durchgängig grau unterlegt). Die erst nach Bereitstellung der Größe wirkenden Einflüsse sind gemäß Aufgabenstellung nicht von Interesse. Jedoch bleibt die mechanische Übertragungskette bis zur Ebene der Bereitstellung (Lager des Hebelarmes, Flansch für Prüflinge) zu betrachten.

(e) MODELLGLEICHUNG

Die Gleichung für eine erste Abschätzung hätte die folgende Form und enthält bereits einen zusätzlichen Term für eine erste Bewertung der auftretenden systematischen Messunsicherheiten:

$$M = F \cdot l \cdot \sin(\varphi) \cdot \delta M_{sys}$$

Gleichung 4.4-8: Erste Verfeinerung

φ: Winkel zwischen Hebelarm l und wirkender Kraft F

δM_{Sys}: Messunsicherheitseinfluss des Systems

Zur Messunsicherheit des Drehmoments, M, liefern die Bestimmung der Kraft, F, der Länge des Hebelarmes, l, und des eingeschlossenen Winkels, φ, ebenso Beiträge, wie die Messunsicherheit des verwendeten Systems.

(f) SENSITIVITÄTSKOEFFIZIENTEN

Als Sensitivitätskoeffizienten nehmen wir für eine erste Abschätzung pauschal 1 an (alle Größen sind multiplikativ miteinander verknüpft). Eine Abschätzung nach φ ist noch nicht möglich und wir begnügen uns mit einer ersten Abschätzung von $\sin(\varphi)$. Die ausführliche Herleitung der Sensitivitätskoeffizienten besprechen wir anschließend bei der Verfeinerung des Modells.

<u>Typische Fehlerquelle</u>: Nicht lineare Funktionen werden mit konstanten Messunsicherheitseinflüssen belegt, wodurch der nichtlineare Charakter der Größe verloren geht.

(g) BUDGETGLEICHUNG

Die folgende Budgetgleichung berücksichtigt ausschließlich relative Größen:

$$W = 2 \cdot \sqrt{\frac{1}{3}a_F^2 + \frac{1}{3}a_l^2 + \frac{1}{3}a_{\sin(\varphi)}^2 + \frac{1}{3}a_{sys}^2}$$

Gleichung 4.4-9: Budgetgleichung

BEISPIELBUDGETS 4

(h) MESSUNSICHERHEITSBUDGET

Da es sich um eine erste Abschätzung handelt, kann man zunächst alle Einflussgrößen mit einer Rechteckverteilung bewerten:

{1}	{2}	{3}	{4}	{5}	{6}	{7}	{8}
Einflussgröße	Schätzwert	Halbbreite des Messunsicherheitseinfluss	Verteilung	Gewichtung	Sensitivitätskoeffizient	Freiheitsgrad	Standardmessunsicherheit
δ	s	a		$\sqrt{G}$	c	ν	u {3}·{5}·{6}
w_F	200 N	0,010	R	$1/\sqrt{3}$	1	∞	0,0058
w_l	0,6 m	0,005	R	$1/\sqrt{3}$	1	∞	0,0029
$w_{\sin(\varphi)}$		0,035	R	$1/\sqrt{3}$	1	∞	0,0202
w_{sys}		0,005	R	$1/\sqrt{3}$	1	∞	0,0029
$W_{0,95}$	120 Nm					> 50	0,043

Tabelle 4.4-1: Grobes Messunsicherheitsbudget Drehmoment

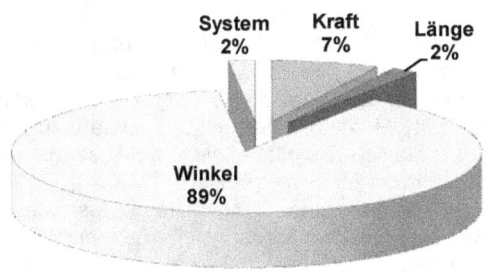

Diagramm 4.4-2: Gewichtung der Messunsicherheitseinflüsse

In diesem Diagramm sind die Messunsicherheitseinflüsse quadratisch gegeneinander gewichtet worden – ganz so, wie diese auch im Messunsicherheitsbudget berücksichtigt werden. Hierbei wird ganz klar deutlich, dass eine wesentliche Budgetverbesserung nur über den Winkel möglich ist.

Derartige Verhältnisse sind typisch. Oftmals dominieren ein, zwei oder maximal drei Beiträge das Budget. Ein Tortendiagramm erleichtert dann die Bewertung der Beiträge enorm. Sich dann auf weitere Einflüsse konzentrieren zu wollen, wäre zwecklos.

(i) Annahme der Korrelation

Die Messgrößen werden als unkorreliert angenommen.

<u>Typische Fehlerquelle:</u> Dass die Messunsicherheitseinflüsse nicht korreliert sind, wird einfach vorausgesetzt, ohne dass dies konkret hinterfragt wurde. Im Rahmen einer ersten Abschätzung reicht eine entsprechende Annahme, wenn keine <u>deutliche</u> Korrelation zu vermuten ist.

(j) Bestimmung des Freiheitsgrades

Die Abschätzung des Freiheitsgrads des Ergebnisses erübrigt sich, weil kein Messunsicherheitsbeitrag einen geringen Freiheitsgrad als 50 aufweist. Also kann das Ergebnis ohne weitere Prüfung mit dem Erweiterungsfaktor $k = 2$ angegeben werden, um das Vertrauensniveau $S_S = 0{,}95$ zu erreichen.

(k) Vollständiges Ergebnis

Angegeben wird eine Schätzgröße für den Messwert bei einer Überdeckung von $k_{0,95} = 2$ zum Beispiel als relative Größe, wobei man vermerken kann, dass die erweiterte Messunsicherheit vorläufig geschätzt wurde:

$$M = 120 \text{ Nm} \cdot (1 \pm 0{,}043),$$
$$\text{oder: } (120 \pm 5{,}2) \text{ Nm}$$

Zu beachten ist, dass der ermittelte Messunsicherheitsbeitrag von $U_{0,95} = 5{,}12$ Nm auf zwei numerisch signifikante Stellen <u>auf</u>gerundet wurde.

<u>Typische Fehlerquelle:</u> Formal wäre auch das kaufmännische Runden möglich. Es muss aber beachtet werden, dass sich durch Abrunden der Messunsicherheitsbeitrag sich um nicht mehr als 5% verringert (vgl. DKD-3).

4.4.2 Verfeinerung des Modells durch Einbringung weiterer Kenntnisse

In dieser Erweiterung des Beispiels werden folgende Schwerpunkte gesetzt:

- Verschiedene Modellgleichungen für das gleiche Problem
- Wechsel zwischen absoluten und relativen Ansätzen
- Verfeinern einer Modellgleichung
- Behandlung der Sensitivitätskoeffizienten
- Korrelierte Größen

Eine Verfeinerung eines Messunsicherheitsbudgets, eine Änderung aufgrund neuer Erkenntnisse oder eine Anpassung an spezifische Kundenwünsche ist in vielen Fällen die Normalität; ein starres Messunsicherheitsbudget hingegen die Ausnahme. Folgende Fragestellungen stehen als Beispiele für mögliche Gründe, warum man über eine Verfeinerung des Modells nachdenken könnte:

TYPISCHE FEHLERQUELLE: Es ist nicht unbedingt eine Fehlerquelle, aber eine weit verbreitete Annahme, dass man immer von dem festgezurrten, einmal berechneten Messunsicherheitsbudget auszugehen hat. Dies ist falsch. Es gilt lediglich die Aussage, dass man im Rahmen einer akkreditierten Messgröße oder einer im Rahmen eines QM-Systems festgelegten, kleinsten angebbaren Messunsicherheit nicht unterschreiten darf.

Eine Fragestellung kommt häufig seitens der Bedarfsträger/Kunden: „Ist es möglich, eine bestimmte Messung mit einer vorgegebenen Messunsicherheit zu realisieren?"

BEISPIELBUDGETS

Oder hier im Speziellen: „Können Sie ein Drehmoment von 120 Nm mit einer Messunsicherheit von 3% (bei einem Vertrauensbereich von 95%) ermitteln?"

Hier steht eine Zielvorstellung. Im besten Falle reicht obiges Modell bereits aus, um diese Frage zu beantworten. Ansonsten gilt es, so lange weitere Kenntnisse einzubringen, bis diese Frage definitiv beantwortet werden kann. Hierbei geht es nicht um das „Schönrechnen" der Realität, sondern um die Suche nach bislang unerkannten Potentialen.

Eine andere Fragestellung wäre: „Welche geringste Messunsicherheit kann das System erzielen?" Oder wiederum spezifiziert: „Mit welchen Spezifikationen können wir das Messmittel auf den Markt bringen und welche Größen können wir letztendlich im Prospekt (in der Werbung) nutzen?"

Betrachten wir hierzu eine weitere Verfeinerung der Modellgleichung. So könnte man nun die Darstellung der aufzubringenden Kraft dahingehend spezifizieren, dass sie durch ein entsprechendes Gewicht unter Einfluss der Gravität erzeugt wird, also:

(a) DEFINITION DER MESSGRÖSSE

Die Messgröße ist – unverändert – der Betrag des Drehmomentes $\underline{M}$.

$$F = m \cdot g_{lokal}$$

Gleichung 4.4-10

(b) MESSUNSICHERHEITSANALYSE // EINFLUSSGRÖSSEN

Nun wird versucht, die weiteren Erkenntnisse in das bereits aufgestellte, einfache Modell der Messung einzubringen: Zunächst gelten die bereits zuvor im ersten Ansatz gemachten Betrachtungen. Man kann hierbei zwar diverse weitere Aufschlüsselungen vornehmen, jedoch ist die Betrachtung des Winkels der mit Abstand wichtigste Ansatz. Alle anderen Größen werden erst dann bedeutsam, wenn es gelingt, die Winkeleinflüsse unter Kontrolle zu bringen:

- MASSE

Die Größen m, wie auch g_{lokal} sind auf unterschiedliche Art mit Messunsicherheiten behaftet. Zu m gibt es eine systematische Abweichung, welche explizit bestimmt wird und in einem Kalibrierschein bereits als Messabweichung angegeben wird, sowie einen Messunsicherheitsbeitrag $U_{0,95,m}$, welcher dem Kalibrierschein entnommen wurde. Wir setzen für die Masse an:

$$m + \Delta m = 20 \text{ kg} - 2{,}4 \text{ g}, \ a_m = 0{,}4 \text{ g}$$

Gleichung 4.4-11

Wir werden den relativen Anteil von 0,4g/20kg ($2 \cdot 10^{-5}$) nutzen. Die Messunsicherheit der Messgröße wurde mit dem Erweiterungsfaktor $k_{0,95} = 2$ angegeben. Eine Normalverteilung kann vorausgesetzt werden. Der halbe Beitrag von $a_m = 1 \cdot 10^{-5}$ ist anzusetzen, weil wir im Messunsicherheitsbudget die Einflussgröße mit der einfachen Überdeckung der Normalverteilung benötigen.

- GRAVITATION

Anstelle der Normgravität von 9,806 65 ms^{-2} liegt ein lokal unterschiedlicher Wert vor, der unbekannt ist, aber normalerweise anhand von Tabellen abgeschätzt werden kann. Aufgrund fehlender Möglichkeiten wird ein relativer Messunsicherheitsbeitrag von $a_g = 0{,}005$ angenommen. Als abgeschätzte Größe muss eine Rechteckverteilung angenommen werden.

- LÄNGE DES HEBELARMES

Auch könnte man die Messunsicherheitsbeiträge des Hebelarmes näher betrachten und insbesondere die Problematik der Bestimmung der wirksamen Länge zwischen Lager und Ansatzpunkt der Kraft bewerten:

$$l = l_{293K} \cdot (1 + \alpha \Delta T)$$

Gleichung 4.4-12

Dieser Einfluss ist gemäß obiger Formel korrigierbar, sofern der Längenausdehnungskoeffizient α bekannt ist. Ansonsten ist diese Größe als statistischer Messunsicherheitseinfluss zu bewerten.

Der Längenausdehnungskoeffizient ist mit $\alpha = 10 \cdot 10^{-6}$ recht gut bekannt und die mögliche Temperaturabweichung von der Nenntemperatur wurde zu ±2 K ermittelt. Für a_l wird daher $20 \cdot 10^{-6}$ angenommen. Dieser Effekt ist jedoch klein gegenüber den sonstigen Einflussgrößen und wird nicht weiter betrachtet werden.

Hingegen sind die weiteren mechanischen Einflüsse aufgrund der Unzulänglichkeit in der Bestimmung der Länge relevanter. Die mechanischen Einflüsse, welche zu einer Gesamtunsicherheit von $a_l = \pm 4$ mm bei einer Hebelarmlänge von 600 mm führen, werden wiederum relativ dargestellt. Daher wird $a_l = 7 \cdot 10^{-3}$ mit Rechteckverteilung angenommen

- WINKELABWEICHUNG

Wichtiger ist es, mehr Informationen über den Winkel zu erhalten. Hierzu kann man versuchen, den Winkel zwischen der wirkenden Kraft F und dem Hebelarm zu messen. Mechanische Hilfsmittel zur Darstellung des Winkels liefern ein unzureichendes Ergebnis und die Unsicherheit der Einflussgröße muss mit angenommener Rechteckverteilung und $a'_\varphi = 1{,}5°$ abgeschätzt werden. Hieraus resultiert:

$$a_\varphi = \frac{a'_\varphi}{\varphi} = \frac{1{,}5°}{90°} = 0{,}017$$

Gleichung 4.4-13

Hierbei erscheint ein Winkel $\varphi = 90°$ im Nenner, weil unter idealen Bedingungen die wirkende Kraft senkrecht zum Hebelarm steht.

(c) VERFEINERTE MODELLGLEICHUNG

Aus der detaillierteren Prozessgleichung...

$$M = (m + \Delta m) \cdot g \cdot l \cdot \sin(\varphi)$$

Gleichung 4.4-14: Detaillierte Prozessgleichung

...folgt die Verfeinerung der Modellgleichung in einer optimierten Darstellung für relative Größen:

$$M = (m + \Delta m) \cdot \delta_m \cdot g \cdot \delta_g \cdot l \cdot \delta_l \cdot \sin(\varphi \cdot \delta_\varphi)$$

Gleichung 4.4-15: Modellgleichung mit relativen Größen (I)

Oder mit einem Ansatz für eine absolute Betrachtung der Größen (welchen wir hier aber nicht weiter verfolgen wollen):

$$M = (m + \Delta m + \delta_m) \cdot (g + \delta_g) \cdot (l + \delta_l) \cdot \sin(\varphi + \delta_\varphi)$$

Gleichung 4.4-16: Modellgleichung mit absoluten Größen (II)

In der ersten Variante wirken die Messunsicherheitseinflüsse relativ und sind daher über eine Multiplikation mit den gewollten Einflussgrößen der Masse, der Gravitation, der Länge und des Winkels verknüpft. Im zweiten Falle nehmen wir die Einflüsse als Variation der gewollten Einflüsse an und addieren entsprechende Beiträge in der jeweiligen physikalischen Einheit zur Einflussgröße. Meistens empfiehlt es sich ausschließlich einer der beiden Linien zu folgen. Mit etwas mehr Routine kann man dann auch zu gemischten Ansätzen wechseln, welche dann zwingend zur expliziten Bestimmung der Sensitivitätskoeffizienten über die partiellen Ableitungen führt:

$$M = (m + \Delta m + \delta_m) \cdot g \cdot \delta_g \cdot l \cdot \delta_l \cdot \sin(\varphi \cdot \delta_\varphi)$$

Gleichung 4.4-17: Modellgleichung mit gemischtem Ansatz (III)

<u>Typische Fehlerquellen</u>: Gelegentlich sieht man, dass man pauschal alle Sensitivitätskoeffizienten mit *1* ansetzt. Dies stimmt aber nur bei rein additiven (absoluten) oder rein multiplikativen (relativen) Modellgleichungen.

(d) SENSITIVITÄTSKOEFFIZIENTEN

Die Ermittlung von Sensitivitätskoeffizienten kann auch schon bei einfachen Modellgleichungen beliebig kompliziert werden. Wir gehen von Gleichung 4.4-15 aus und ermitteln:

$$c_m = \frac{\partial M}{\partial \delta m} = (m + \Delta m) \cdot g \cdot \delta g \cdot l \cdot \delta l \cdot \sin(\varphi \cdot \delta \varphi)$$

$$c_g = \frac{\partial M}{\partial \delta g} = (m + \Delta m) \cdot \delta m \cdot g \cdot l \cdot \delta l \cdot \sin(\varphi \cdot \delta \varphi)$$

$$c_l = \frac{\partial M}{\partial \delta l} = (m + \Delta m) \cdot \delta m \cdot g \cdot \delta g \cdot l \cdot \sin(\varphi \cdot \delta \varphi)$$

Gleichungen 4.4-18, 4.4-19 und 4.4-20: Partielle Ableitungen zur Bestimmung der Sensitivitätskoeffizienten

Bei der Ableitung der Funktion nach $\delta \varphi$ kommt die Kettenregel der Ableitung zu tragen:

$$c\varphi = \frac{\partial M}{\partial \delta \varphi} = (m + \Delta m) \cdot \delta m \cdot g \cdot \delta g \cdot l \cdot \delta l \cdot \cos(\varphi \cdot \delta \varphi) \cdot \varphi$$

Gleichung 4.4-21

Zum Einsetzen – entweder in die Budgetgleichung oder in die Tabelle zur Auswertung – sind die ermittelten Koeffizienten schlecht handhabbar und die Suche nach einer möglichen Vereinfachung ist naheliegend. Und da wir lediglich die Messunsicherheit abschätzen wollen (auf zwei signifikante Stellen), ist es zulässig, Näherungen anzusetzen. Der Wert der Messgröße ändert sich hierdurch nicht.

Den relativen Messunsicherheitseinflüssen δm, δg und δl, sind die Messunsicherheitsbeiträge $(1 \pm a_m)$, $(1 \pm a_g)$, respektive $(1 \pm a_l)$ zugeordnet. Diese Einflussgrößen lassen sich in erster Näherung durch 1 abschätzen. Übrig bleibt dann in etwa die Prozessgleichung. Im Falle der Betrachtung der möglichen Winkelabweichung ist hingegen etwas Vorsicht von Nöten. Mit $a_\varphi = 0{,}017$ liegen wir doch in einer Größenordnung, wo man noch mit ruhigem Gewissen $1 \pm 0{,}017$ durch 1 abschätzt, wenn da nicht die Winkelfunktion wäre.

Wir betrachten zuerst die Sinusfunktion. Beim Nennwert von 90° hat die Funktion ihr Maximum. Daher wird auch dort der jeweilige Sensitivitätskoeffizient am größten werden. Also brauchen wir hier keine weitere Abschätzung nach oben vornehmen. Der Betrag des Cosinus hat bei 90° sein Minimum. Für kleine Winkel kann man $\cos(\varphi)$ durch φ abschätzen. Also setzen wir $c_\varphi = \cos(1{,}7°)$ ab. Nach Anwendung der Näherungen bleiben folgende Terme:

$$c_m = c_g = c_l = (m + \Delta m) \cdot g \cdot l \cdot \sin(\varphi \cdot \delta \varphi)$$
$$= (20\,kg - 2{,}4\,g) \cdot 9{,}806\,65\,ms^{-2} \cdot 0{,}6\,m \cdot \sin(90)$$
$$= 118\,Nm$$

$$c_\varphi = (m + \Delta m) \cdot g \cdot l \cdot \cos(\varphi \cdot \delta \varphi) \cdot \varphi$$
$$= (20\,kg - 2{,}4\,g) \cdot 9{,}806\,65\,ms^{-2} \cdot 0{,}6\,m \cdot \cos(90 \cdot (1 + 0{,}017))$$
$$= -3{,}14\,Nm$$

Gleichungen 4.4-22 und 4.4-23: Näherung für relative Sensitivitätskoeffizienten

Inwiefern diese Näherungen zulässig sind, zeigt sich gegebenenfalls durch eine exemplarische Prüfung mit bekannten Zahlen.

Bisher haben wir allgemein mit Messunsicherheitseinflüssen gerechnet. Wir haben hierbei den Einflussgrößen δm, δg, δl und $\delta \varphi$ noch keine konkreten Werte zugewiesen, weil sich diese aus dem jeweiligen Ansatz innerhalb der Modellgleichung ergeben. Bei der Betrachtung der physikalischen Dimension zeigt sich die Einfachheit des rein multiplikativen Ansatzes, weil die dargestellten Sensitivitätskoeffizienten bereits alle die richtige Dimension haben. Da wir immer den Sensitivitätskoeffizienten mit der Einflussgröße multiplizieren, ergibt die Multiplikation einer dimensionsrichtigen Größe (Sensitivitätskoeffizient) mit einer relativen Größe (Einflussgröße) den absoluten Messunsicherheitsbeitrag.

- Die Sensitivitätskoeffizienten c_m, c_g und c_l haben die Dimension $\{kg \cdot m^2 \cdot s^{-2} \cdot m\}$ oder $\{Nm\}$. Durch Multiplikation mit einem Zahlenwert bleibt die Einheit Newtonmeter für das Drehmoment erhalten.

- Auch für c_φ liegt bereits die Dimension des Drehmomentes vor. Zudem wäre der Unterschied zwischen absoluter und relativer Darstellung des Winkels nicht direkt zu erkennen! Hier hilft nur, konkret aus der Modellgleichung und des verwendeten Ansatz heraus zu entscheiden, ob eine absolute oder relative Größe angesetzt wird. An der Dimension ändert dies nichts.

Es bleibt dem Leser überlassen, zu entscheiden, ob es sich lohnt, den Aufwand so weit zu treiben, oder ob eine simple Abschätzung nicht ausreichend gewesen wäre. Häufig gibt die Messaufgabe die Antwort vor. Bei präzisen Messungen wäre dies sicherlich sinnvoll. Bei der Einstellung eines Drehmomentschlüssels sicher nicht.

(e) ANNAHME DER KORRELATION

Bei den Einflussgrößen wird eine Korrelation vermutet. Indiz hierfür sind die Abhängigkeiten aller Einflussgrößen vom Winkel zwischen Kraft und Hebelarm. Daher hat eine Winkelabweichung zugleich zur Folge, dass die Messkraft nicht komplett zur Wirkung gelangt. Daher wird in der Regel zur Ermittlung der Korrelation die Durchführung von Messreihen in Betracht gezogen. Diese werden derart durchgeführt, dass – soweit möglich – die verschiedenen Einflussgrößen getrennt notiert werden. In unserem Falle ist dies aber nicht möglich. Wir können weder die Masse von Fall zu Fall neu bestimmen, noch die lokale Gravität oder die Länge des Hebelarmes. Lediglich den Winkel φ könnte man gegebenenfalls ermitteln. Deshalb wird von diesem Vorgehen Abstand genommen und folgende theoretische Betrachtung zu Grunde gelegt:

Auf den ersten Blick erscheint es so, als ob eine Abhängigkeit zwischen dem Winkel φ und der wirkenden Kraft $m \cdot g$ zu vermuten ist. Dies ist insoweit korrekt, als es den bekannten Anteil des Winkels betrifft. Bei näherer Betrachtung ist dieser Ansatz zu verwerfen, weil die Kraft unabhängig von der Darstellung des Winkels erzeugt wird und die Messunsicherheit in der Wirkung der Kraft auf den Hebelarm im Messunsicherheitseinfluss des Winkels ausreichend berücksichtigt wird. Also können die verschiedenen Einflussgrößen als unkorreliert betrachtet werden.

Gelegentlich ist es sinnvoll, so wie hier gezeigt die Annahme zu begründen, warum man verschiedene Größen als nicht korreliert annimmt. Eine entsprechend ausführliche Begründung ist aber bei der Darstellung im Rahmen des Messunsicherheitsbudgets nicht zwingend notwendig, sollte jedoch irgendwo dokumentiert sein.

(f) BUDGETGLEICHUNG

Die Budgetgleichung ergibt sich wiederum aus den bereits eingebrachten einzelnen Informationen der Messunsicherheitsanalyse zu:

$$U_{0,95} = 2 \cdot \sqrt{\begin{array}{l} G_m(c_m a_m)^2 + G_g(c_g a_g)^2 \\ + G_l(c_l a_l)^2 + G_\varphi(c_\varphi a_\varphi)^2 \end{array}}$$

Gleichung 4.4-24: Budgetgleichung Drehmoment

Mit folgenden Termen...

$$G_m(c_m a_m)^2 = 1 \cdot (118\,Nm \cdot 1 \cdot 10^{-5})^2 = 1{,}39 \cdot 10^{-6}\,N^2 m^2$$

$$G_g(c_g a_g)^2 = \frac{1}{3}(118\,Nm \cdot 0{,}005)^2 = 0{,}116\,N^2 m^2$$

$$G_l(c_l a_l)^2 = \frac{1}{3}(118\,Nm \cdot 0{,}007)^2 = 0{,}227\,N^2 m^2$$

$$G_\varphi(c_\varphi a_\varphi)^2 = \frac{1}{3}(3{,}14\,Nm \cdot 0{,}017)^2 = 0{,}0009\,N^2 m^2$$

Gleichungen 4.4-25, 4.4-26 und 4.4-27

...ergibt sich – wenn wir die unrelevanten Terme für die Masse und den Winkel vernachlässigen:

$$U_{0,95} = 2 \cdot \sqrt{(0{,}116 + 0{,}227)\,N^2 m^2} = 1{,}2\,Nm$$

(g) DAS MESSUNSICHERHEITSBUDGET

Setzen wir die bereits bekannten Einflussgrößen ein, erhalten wir:

{1} Einflussgröße	{2} Schätzwert	{3} Halbbreite des Messunsicherheitseinfluss	{4} Verteilung	{5} Gewichtung	{6} Sensitivitätskoeffizient	{7} Freiheitsgrad	{8} Standardmessunsicherheit
δ	S	a		$\sqrt{G}$	c	ν	u {3}·{5}·{6}
δ_m	19,997 6 kg	$1 \cdot 10^{-5}$	N	0,5	118 Nm	50	0,00059 Nm
δ_g	9,806 65 ms^{-2}	0,005	R	$1/\sqrt{3}$	118 Nm	∞	0,34 Nm
δ_L	0,6 m	0,007	R	$1/\sqrt{3}$	118 Nm	∞	0,47 Nm
δ_φ	90°	0,017	R	$1/\sqrt{3}$	3,14 Nm	∞	0,031 Nm
$W_{0,95}$	120 Nm					> 50	1,2 Nm

Tabelle 4.4-2: Verfeinertes Messunsicherheitsbudget Drehmoment

Die eingesetzten Werte der Sensitivitätskoeffizienten ergeben sich durch Einsetzen der angenommenen Einflussgrößen in Gleichungen 4.4-18. Durch das Einbringen der erweiterten Kenntnisse konnte die ursprüngliche Annahme von 5,2 Nm auf 1,2 Nm verringert werden.

(h) BESTIMMUNG DES FREIHEITSGRADES DES ERGEBNISSES

Der Freiheitsgrad des Ergebnisses muss nicht zwingend bestimmt werden. Der kleinste Freiheitsgrad einer Größe im Budget ist bereits $\nu = 50$; demnach kann der Freiheitsgrad des Gesamtergebnisses nicht geringer sein.

(i) ANGABE DES VOLLSTÄNDIGEN ERGEBNISSES

Angegeben wird eine Schätzgröße für den Messwert bei einer Überdeckung von $k_{0,95} = 2$ hier zum Beispiel in absoluten Zahlen:

$$M = 120 \pm 1,2 \text{ Nm}$$

4.5 Längenmessung mittels Zollstock

Wir greifen das Beispiel aus der Einführung auf. Hier werden folgende Schwerpunkte gesetzt:

- Einführung in die Umsetzung der Einflussgrößen in ein Budget
- Erkennen und bewerten der Messunsicherheitsbeiträge. Wir legen hier den Schwerpunkt auf die Vorbereitung zur Auswertung im Rahmen des Messunsicherheitsbudgets.
- Formales Vorgehen

(a) Aufgabenstellung

Es wird angestrebt, die Breite der Wand eines Raumes mit Hilfe eines Zollstockes (Gliedermaßstab) auszumessen.

(b) Definition der Messgröße

Die Messgröße l entspricht der mit dem Messmittel ermittelten Länge.

(c) Prozessgleichung

Die zunächst anzusetzende Prozessgleichung kann fast schon als primitiv bezeichnet werden (wir werden sie nachher noch spezifizieren):

$$l = l$$

Gleichung 4.5-1: Prozessgleichung Zollstock (I)

Länge = Länge. Zu dieser einfachen Erkenntnis gelangen wir durch Vergleich einer unbekannten Länge des Raumes als Träger der Messgröße mit der hinreichend bekannten Länge des Zollstocks. Aufgrund der Tatsache, dass der Zollstock zweimal angelegt werden muss, um die Länge von 3,80 m zu ermitteln, führen wir die erste Änderung der Prozessgleichung ein:

$$l_{ges} = l_1 + l_2$$

Gleichung 4.5-2: Prozessgleichung Zollstock (II)

(d) Messunsicherheitsanalyse // Einflussgrößen

- Länge des Zollstocks

Die Messunsicherheit des Zollstocks liegt (geschätzt) bei a_{Zoll} = 5 mm / 2 m. Genauere Informationen liegen nicht vor. Bei l_1 wird die Messunsicherheit als Ganzes wirksam, weil hier vom Zollstock die volle Länge abgetragen wird. l_2 hat einen Ablesewert von 1,80 m. Wir setzen nun 1,80m/2,00m·5 mm an.

Hier wird deutlich, dass ein Messunsicherheitsbudget auf vielen persönlichen Beurteilungen beruht, welche nicht immer objektiv hinterfragt werden können. Der Techniker muss auf der Basis seiner Kenntnisse um den Messvorgang selber eine entsprechende Wertung vornehmen. Es ist sehr wahrscheinlich, dass diese Wertung von anderer Seite nicht geteilt wird. Daher sollte man ruhig etwas großzügiger mit den Ansätzen für die einzelnen Unsicherheitsbeiträge umgehen.

Für diese Schätzgröße nehmen wir die Rechteckverteilung an. Wir werden hier keinen gesonderten Messunsicherheitseinfluss mit δ einführen, sondern stattdessen die beiden Längen l_1 und l_2 als Träger des Messunsicherheitseinflusses in der späteren Modellgleichung betrachten. Die Umrechnung des relativen Messunsicherheitsbeitrags auf die tatsächliche Länge geschieht bei der Bestimmung der Sensitivitätskoeffizienten.

- Alterung des Messmittels

Die Gelenke des Maßstabes leiern mit der Zeit aus. Hierdurch kann eine geringfügige Dehnung des Messmittels beobachtet werden. Durch Vergleich mit einem unbenutzten Zollstock aus der gleichen Serie konnte gezeigt werden, dass der benutzte Zollstock etwa 2 mm auf 2 m mehr anzeigt. Natürlich kann bei dieser Einzelbeobachtung von keiner gesicherten Information ausgegangen werden, jedoch reicht diese Kenntnis aus, um einen zusätzlichen Messunsicherheitseinfluss δ_{Alt} mit einer Größe von $a_{Alt} = 2$ mm / 2 m mit Rechteckverteilung anzunehmen. eine Korrektur um 2 mm verbietet sich, da zu einen die Beobachtung nicht reproduzierbar ist und zum anderen auch eine Stauchung um diesen Betrag denkbar ist.

Die Umrechnung des relativen Messunsicherheitsbeitrags auf die tatsächliche Länge geschieht wiederum bei der Bestimmung der Sensitivitätskoeffizienten.

- GERADHEIT

Der Zollstock ist nur hinreichend gerade. Beim Ausklappen folgt er eher einer Zick-Zack-Linie. Hierdurch ergibt sich je 2 Meter Strecke ein Messunsicherheitseinfluss δ_{ZZ} mit einem geschätzten Messunsicherheitsbeitrag von $a_{ZZ} = 3$ mm / 2 m.

Die Umrechnung des relativen Messunsicherheitsbeitrags auf die tatsächliche Länge geschieht wiederum bei der Bestimmung der Sensitivitätskoeffizienten.

Zwischen den beiden Längenmessungen musste eine Referenzmarke gesetzt werden, um neu anlegen zu können. Hierdurch nimmt man einmalig einen weiteren Messunsicherheitseinfluss δ_{Ref} mit dem Beitrag $a_{Ref} = 2,5$ mm in Kauf. Weil keine gesicherte Schätzgröße hierfür vorlag, wurde der Wert empirisch ermittelt. Die Einflüsse der Referenzmarken konnten aufgrund der Varianz der Messreihen in der oben genannten Größenordnung abgeschätzt werden. Die Größe ist normalverteilt und wurde aufgrund 21 Beobachtungen ermittelt. Daher ist der Freiheitsgrad $v = n-1 = 20$ anzusetzen.

Natürlich wäre hier eine einfache Abschätzung sinnvoller, die dann mit Rechteckverteilung in das Budget eingeht. Aus rein didaktischen Gründen wurde hier ein anderer Weg eingeschlagen.

(e) MODELLGLEICHUNG

Auf der Basis der besprochenen Einflussgrößen kann nun aus der Prozessgleichung heraus die Modellgleichung wie folgt ermittelt werden:

$$l_{ges} = l_1 + l_2 + 2\delta_{Zoll} + 2\delta_{Alt} + 2\delta_{ZZ} + \delta_{Ref}$$

Gleichung 4.5-3: Modellgleichung

Die jeweiligen Größen und Formelzeichen wurden zuvor besprochen.

(f) SENSITIVITÄTSKOEFFIZIENTEN

Wenn wir die Modellgleichung nach den jeweiligen Einflussgrößen partiell ableiten, erhalten wir folgende Sensitivitätskoeffizienten:

$$c_{l1} = \frac{\partial l_{ges}}{\partial l_1} = 1 \; ; \quad c_{l2} = \frac{\partial l_{ges}}{\partial l_2} = 1 \; ; \quad c_{Zoll} = \frac{\partial l_{ges}}{\partial \delta_{Zoll}} = 2$$

$$c_{Alt} = \frac{\partial l_{ges}}{\partial \delta_{Alt}} = 2 \; ; \quad c_{ZZ} = \frac{\partial l_{ges}}{\partial \delta_{ZZ}} = 2 \; ;$$

$$c_{Ref} = \frac{\partial l_{ges}}{\partial \delta_{Ref}} = 1$$

Gleichungen 4.5-4, 4.5-5, 4.5-6, 4.5-7, 4.5-8 und 4.5-9: Sensitivitätskoeffizienten

(g) MESSUNSICHERHEITSBUDGET

Wenn wir nun alle Einflussgrößen zusammentragen, erhalten wir folgendes Budget:

$$U_{0,95} = 2 \cdot \sqrt{\frac{1}{3}(1 \cdot a_{l1})^2 + \frac{1}{3}(0,9 \cdot a_{l2})^2 + \frac{1}{3}(1,9 \cdot a_{Alt})^2 + \frac{1}{3}(1,9 \cdot a_{ZZ})^2 + (1 \cdot a_{Ref})^2}$$

Gleichung 4.5-10: Budgetgleichung

{1}	{2}	{3}	{4}	{5}	{6}	{7}	{8}
Einflussgröße	Schätzwert	Halbbreite des Messunsicher-heitseinfluss	Verteilung	Gewichtung	Sensitivitäts-koeffizient	Freiheitsgrad	Standardmess-unsicherheit
δ	s	a		$\sqrt{G}$	c	ν	u {3}·{5}·{6}
δ_{l1}	2,00 m	5 mm	R	$1/\sqrt{3}$	1	∞	2,9 mm
δ_{l2}	1,80 m	5 mm	R	$1/\sqrt{3}$	1	∞	2,6 mm
δ_{Alt}		2 mm	R	$1/\sqrt{3}$	2	∞	2,4 mm
δ_{ZZ}		3 mm	R	$1/\sqrt{3}$	2	∞	3,6 mm
δ_{Ref}		2,5 mm	N	1	1	20	2,5 mm
$U_{k=2}$	3,80 m					>50	12,7 mm

Tabelle 4.5-1: Messunsicherheitsbudget Zollstock

(h) ANNAHME DER KORRELATION

Die Messgrößen werden als unkorreliert angenommen.

(i) BESTIMMUNG DES FREIHEITSGRADES DES ERGEBNISSES

Weil ein Messunsicherheitseinfluss einen Freiheitsgrad aufweist, welcher deutlich kleiner als 50 ist, empfiehlt es sich, zur Sicherheit den Freiheitsgrad des Ergebnisses abzuschätzen:

$$\nu = \frac{u^4}{\sum_{i=1}^{N} \frac{u_i^4(y_i)}{\nu_i}} = \frac{(12,7/2)^4}{\frac{2,9^4}{\infty} + \frac{2,6^4}{\infty} + \frac{2,3^4}{\infty} + \frac{3,5^4}{\infty} + \frac{2,5^2}{20}}$$

$$= \frac{(12,7/2)^4}{\frac{2,5^2}{20}} = 781$$

Gleichung 4.5-11: Abschätzung des Freiheitsgrades des Messergebnisses

Weil der betreffende Term δ_{Ref} im Budget nicht dominant ist, bleibt der Freiheitsgrad des Ergebnisses ausreichend groß.

(j) VOLLSTÄNDIGES ERGEBNIS

- Messunsicherheiten werden auf zwei numerische Stellen gerundet.
- Die Messunsicherheit wird nicht weiter aufgelöst, als das Messergebnis dargestellt wird.

Zu einem Messergebnis mit einer Auflösung auf einen Zentimeter wird in der Regel keine Messunsicherheit in Millimeter angegeben. Da aber auf dem Zollstock Millimeter abgelesen werden können, werden wir das Messergebnis dennoch in Millimeter darstellen.

Als vollständiges Messergebnis werden nicht 3,800 m ± 13 mm angegeben. Besser ist eine Angabe, bei der sich der Messwert und die Messunsicherheit in gleicher Maßeinheit präsentieren:

$$l = (3{,}800 \pm 0{,}013) \text{ m}$$

5 Ergebnisse darstellen und Dokumentieren

5.1 Anforderungen und Beispiele für Kalibrierscheine

Nach DIN EN ISO/IEC 17025 müssen Kalibrierscheine und Prüfberichte einem gewissen Mindeststandard entsprechen und vorgegebene Informationen aufweisen.

Wir werden uns im Weiteren auf Kalibrierscheine beschränken. Nur wenn es Abweichungen zu Prüfberichten geben sollte, werden diese explizit dargestellt. Ansonsten gelten für beide Dokumente sinngleiche Aussagen.

Die Kenngrößen einer Kalibrierung oder einer Prüfung sind von Kalibrierlaboren auf Kalibrierscheinen und von Prüflaboren auf Prüfberichten zu vermerken, sofern das Labor keine zwingenden Gründe hat, die dagegen sprechen. Eine entsprechende Formulierung findet sich in verschiedenen Normen, wie zum Beispiel der DIN EN ISO/IEC 17025. Folgende Informationen sollten in einem Kalibrierschein enthalten sein:

- Titelzeile (zum Beispiel: „Kalibrierschein", oder „Prüfschein")
- Fortlaufende, eindeutige Nummerierung
- Name und Anschrift der Kalibriereinrichtung, welche mit der Durchführung der Messung beauftragt wurde.
- Auftraggeber (Kunde)
- Der Durchführende der Messung
- Der für den Bereich Verantwortliche (Laborleiter)
- Datum und Ort der Messung

- Hersteller des Prüflings (Eindeutig, ohne Abkürzungen)
- Teilekennzeichen (Partnummer)
- Serialnummer (Fabrikatnummer)
- Weitere Identifikationsmerkmale

Zur Darstellung der maßgeblichen Umgebungsbedingungen während des Messablaufs gehören die folgenden Punkte:

- Umgebungstemperatur und relative Luftfeuchte
- Umgebungsluftdruck (optional)
- Elektromagnetische Schirmung (optional)
- Lokale Gravität (optional)
- Weitere Umgebungsbedingungen

Des Weiteren sollte man dann kurz erläutern, mit welchen Messmitteln man gearbeitet hat und gegebenenfalls deren Rückführung darlegen. Im Rahmen der ISO 9000 (f) werden diese Informationen sogar verlangt.

5.2 Darstellung von Ergebnissen

5.2.1 Das vollständige Messergebnis

Wir haben bereits mehrfach angesprochen, dass man immer ein vollständiges Messergebnis angeben muss und dass ein Messergebnis ohne Angabe der Messunsicherheit keine besondere Aussagekraft hat.

Die Angabe eines Messergebnisses mit zugeordneter Messunsicherheit ist keine garantierte Zusage über eine Geräteeigenschaft oder einen -zustand, sondern eine Momentaufnahme zum Zeitpunkt der Messung.

Im Rahmen der Angabe des vollständigen Ergebnisses garantiert man lediglich, dass zum Zeitpunkt der Messung, am Ort der Messung und unter den vorliegenden Messbedingungen ein Messwert mit einer zugeordneten Wahrscheinlichkeit in einem festgestellten Intervall liegt.

Die Angabe des vollständigen Messergebnisses sollte so umfassend wie möglich sein, aber andererseits nur die signifikanten Informationen enthalten. Zudem sollten keine Genauigkeiten suggeriert werden, welche die Größe in Wahrheit gar nicht haben kann. In der Praxis ist dies durch die Verwendung entsprechender Zehnerpotenzen gut möglich.

<u>Beispiel</u>: Ein Flugkapitän gibt die augenblickliche Flughöhe mit 32 000 ft an. Dies suggeriert fünf signifikante Stellen. Obwohl niemand annimmt, dass er seine Flughöhe auf 1 ft genau einhalten kann, hätte dieser Zahlenwert eigentlich diese Interpretationsmöglichkeit. Korrekt wäre eher die Aussage $32{,}0 \cdot 10^3$ ft., oder vielleicht noch $32{,}5 \cdot 10^3$ ft. Bei zwei numerischen Stellen könnte man hier von einer Messunsicherheit in der Größe der letzten aufgelösten numerischen Stelle (hier: 100 ft) ausgehen. Wollte man die Höhenangabe in Meter umrechnen, sollte man entsprechende Größen mit Fingerspitzengefühl verwenden. 32 000 ft entsprechen 9753,60 m. Der Unsicherheitsanteil dieser Größe liegt in der Größenordnung von 30 m und nicht etwa einem Zentimeter, entsprechend obiger Auflösung. Eine sinnvolle Angabe wäre $9{,}75 \cdot 10^3$ m, oder 9,75 km. Die beste Angabe wäre aber $(9{,}75 \cdot 10^3 \pm 30)$ m.

Bei der Darstellung des Ergebnisses orientiert man sich daran, dass dieses physikalisch und mathematisch korrekt ist und interpretationsfrei.

So müssen die Summanden einer Summe in den gleichen Dimensionen vorliegen, oder relative Messunsicherheitsbeiträge dürfen die physikalische Dimension des Ergebnisses nicht ändern. Man kann daher ein Ergebnis zum Beispiel in einer der folgenden Formen darstellen:

$$R = 100{,}12\ \Omega \pm 30\ m\Omega,\ k = 2$$
$$R = 100{,}12\ \Omega,\ U_{0{,}95} = 30\ m\Omega$$
$$R = 100{,}12\ \Omega \cdot (1 \pm 3 \cdot 10^{-4}),\ S_S = 95\%$$

Es sollte immer eine Information über die statistische Sicherheit des Messergebnis und dem Erweiterungsfaktor enthalten sein. Neben der Zuordnung dieser Information in der Ergebniszeile (→ Beispiel, oben) kann dies auch im freien Text der Fall sein, wie hier in einer Mustervorgabe für DKD-Kalibrierscheine...

Angegeben ist die erweiterte relative Messunsicherheit, die sich aus der Standardmessunsicherheit durch Multiplikation mit dem Erweiterungsfaktor $k = 2$ ergibt. Sie wurde gemäß DKD-3 ermittelt. Der Wert der Messgröße liegt im Regelfall mit einer Wahrscheinlichkeit von angenähert 95% im zugeordneten Werteintervall.

DARSTELLEN UND DOKUMENTIEREN

...oder eine formale Aussage wie $S_S = 95\%$ oder $k = 2$. Hiermit könnte obiges Ergebnis dann folgendes Aussehen annehmen:

$$A = (10{,}012 \pm 0{,}025) \text{ dB}; \{S_S = 0{,}95\}$$

Das Ergebnis und die Messunsicherheit sind übrigens der Messung zuzuordnen und nicht dem Prüfling. Insbesondere mit der Messunsicherheit macht man eine Aussage zur Zuverlässigkeit der Messung und nicht zu den Eigenschaften des Prüflings!

Eine Aussage in der Form: „Die erweiterte Messunsicherheit des Endmaßes beträgt 2,5 µm." ist falsch. Richtig wäre „Der Messwert wurde mit einer erweiterten Messunsicherheit von 2,5 µm bestimmt."

Viele Darstellungsformen der Messunsicherheit sind in den Köpfen der Messtechniker derart verwurzelt, so dass es kaum möglich ist, sie zu einem Umdenken zu bewegen.

Beispiel: Selbst nachdem die PTB schon seit Jahren im Bereich der Darstellung der Messunsicherheit das neue Denken des GUMs propagandiert und selber diverse Seminare zum Thema veranstaltet hat, habe ich auf einem Seminar folgende Aussage zu einem Beispiel von einem PTB-Mitarbeiter gehört: „Wir geben die Messunsicherheit in ppm an, denn unsere Kunden können mit Größen wie 6000 ppm gut leben."

6000 ppm??? Dies ist ein Widerspruch gegen zwei Prinzipien der Angabe der Messunsicherheit. Zum einem ist ppm kein zulässiger SI-Präfix, auch wenn dies im amerikanischen Raum weit verbreitet ist. Zum anderen stört der Zahlenwert 6000. Wir haben bereits dargestellt, dass die Messunsicherheit auf maximal zwei numerische Stellen angegeben werden soll und 6000 könnte suggerieren, dass diese Größe (der Messunsicherheit (!)) auf vier Stellen genau bekannt ist. Da bekanntlich 1 ppm entsprechend $1 \cdot 10^{-6}$ ist, wäre $6 \cdot 10^{-3}$ oder vielleicht $6{,}0 \cdot 10^{-3}$ die korrekte Form der Darstellung in Verbindung mit einem besten Schätzwert, wie zum Beispiel:

$$R = 10{,}023 \, \Omega \cdot (1 \pm 6{,}0 \cdot 10^{-3}), k = 2$$

5.2.2 AUSWAHL UND ANGABE DES ERWEITERUNGSFAKTORS

Nun haben wir verschiedene Möglichkeiten, aus einem Messergebnis mit einer Messunsicherheit heraus zielgerichtete Angaben zu machen. Das eigentliche Messergebnis bleibt hiervon unberührt. Basis dieser Überlegungen ist, das zu anzugebende Vertrauensniveau – je nach Anwendung – verschieden groß zu wählen und eine dementsprechend erweiterte Messunsicherheit anzugeben.

Im Bereich der allgemeinen Messtechnik hat sich das Vertrauensniveau $S_S = 0{,}95$ als Quasi-Standard etabliert. Hierzu wird die im Rahmen der Messunsicherheitsanalyse ermittelte Messunsicherheit zumeist um den Faktor $k = 2$ erweitert. Solch eine Festlegung erlaubt eine gewisse Vergleichbarkeit der Ergebnisse. Folgende Tabelle zeigt einige typische Anwendungsfelder und die dort gebräuchlichsten Erweiterungsfaktoren.

Feld	Anwendungsfall (Beispiel)	Erweiterungsfaktor
Soziologie	Feldstudien	1s (66,7%)
Biologie	Populationen von Tieren und Pflanzen	1s (66,7%), ggf. auch 2s
Handel	Füllmengenmessung	1s ... 2s (je nach Wert des Handelsguts)
Allgemeine Messtechnik	Universal	2s (95%)
Eichwesen	Konformitätsaussagen	In der Regel 2s, aber auch 3s bei sicherheitsrelevanten Bereichen
Sicherheitstechnik	Explosionssicherheit	3s ... 4s (99% ... 99,9%)
Medizin	Gerichtsmedizin, DNA-Analysen, Vaterschaftstests	mindestens 5s (99,99%)

Tabelle 5.2-1: Typische Erweiterungsfaktoren

Wir sehen, dass wir mit unserem Vertrauensniveau von $S_S = 0{,}95$ in der Messtechnik noch lange nicht das Maß aller Dinge sind. Im Bereich der medizinischen Diagnostik, wo dann – zum Beispiel nach einer DNA-Analyse – ganz massive Interessen der Strafverfolgung eine Rolle spielen (Vater oder nicht Vater, Täter oder Unschuldiger), werden die höchsten Ansprüche gestellt. Auf der anderen Seite genügen Trendausagen. Wie zum Beispiel in der Soziologie oder der Politologie sind die Messunsicherheiten vielfach so groß, dass es sowieso keinen großen Sinn machen würde, die Messunsicherheit deutlich zu erweitern. Hier reicht das Niveau 1s in den meisten Fällen.

Im Eichwesen gelten zudem verschiedene Grenzen für die Eichfehlergrenze und die Verkehrsfehlergrenze. Das hier angegebene Vertrauensniveau bezieht sich lediglich auf die messtechnische Basis zur Bestimmung dieser Grenzen.

Wie bereits in Kapitel 3.4 erwähnt, kann man bei der Angabe der erweiterten Messunsicherheit die Formelzeichen U und W noch ergänzen, indem man den Erweiterungsfaktor k, oder das Vertrauensintervall als Index hinzufügt. Gängige Darstellungen sind:

$$U_{k=2},\ U_{95\%},\ W_{k=2},\ W_{99}$$

Möchte man selber Spezifikationsaussagen auf der Basis von Messergebnissen definieren, sind verschiedene Ansätze denkbar, um wirtschaftliche Interessen optimal ausnutzen zu können.

- Manche Hersteller verfolgen eine konservative Linie bei der Festlegung der Spezifikationen und fassen diese so groß, dass man als Kunde eigentlich immer davon ausgehen kann, dass ein erworbenes Messmittel zum Zeitpunkt des Kaufes oder der Inbetriebnahme (!) die Spezifikationen erfüllt. Diese Hersteller fallen in der Regel auch durch eine entsprechende Kundenbetreuung und Auskunftsfreudigkeit auf (Veröffentlichung von Application Notes, Anwendungsbeispielen, Grundlageninformationen, etc.). Hier ist übrigens eine Akkreditierung mit dem betreffenden Parameter ein Indiz für ein seriöses Arbeiten. Denn wer in der Lage ist, die dargestellte Messgröße auch rückführbar und extern geprüft darzustellen, wird eher zu konservativen Aussagen neigen.

- Andere Hersteller vertreten eine eher progressivere Marktpolitik und haben die Zielsetzung, immer besser als die Konkurrenz zu erscheinen und geben lieber recht knapp definierte Spezifikationen an. Diese erscheinen dann eher als eigene Zielsetzungen, denn als verlässliche Informationen für den Kunden.

Aus meiner messtechnischen Erfahrung heraus erscheint es mir des Öfteren, als ob manche Hersteller bewusst in Kauf nehmen, dass Geräte die eigenen Spezifikationen überschreiten. Man geht davon aus, dass der Kunde entweder nicht in der Lage ist, die Spezifikationen zu prüfen oder aus Kostengründen zunächst von einer Konformität mit den Spezifikationen ausgehen wird und diese akzeptiert, wie sie niedergeschrieben wurden.

Im Falle einer Kalibrierung nach einem ersten festgesetzten Kalibrierintervall wird er dann eventuell eine Spezifikationsüberschreitung bescheinigt bekommen, was dann zu kostenintensiven Nacharbeiten führen kann. Und der Hersteller hat ein zweites Mal am Kunden verdient. So haben wir an einer Serie von Hochfrequenzgeneratoren eines Herstellers schon einmal bei 30 von 36 Geräten bei der ersten Kalibrierung deutliche Spezifikationsüberschreitungen bei immer dem gleichen Parameter festgestellt.

- Der dritte Weg liegt etwa in der Mitte; welche wir aber <u>nicht</u> als „goldene Mitte" bezeichnen wollen (Wir bevorzugen – im Sinne der Kunden - die konservative Darstellung, denn dies schafft Vertrauen und der Kunde wird wiederkommen). Dieser dritte Weg geht von einer Abschätzung der Möglichkeiten aus. Man nimmt dann eine entsprechende Anzahl Vorseriengeräte und ermittelt die Parameter, welche spezifiziert werden sollen. Anschließend kann man auf die bereits bekannten statistischen Werkzeuge zurückgreifen und ein Kriterium definieren (zum Beispiel $k = 3s$ für MPE) und so die Spezifikationen ermitteln. Dann wird noch aus kosmetischen Gründen <u>auf</u>gerundet (Beispiel: 4,7 auf 5).

5.3 Interpretation von Spezifikationen und Messergebnissen

Das beste Messergebnis bedarf keiner Interpretation; oder besser: es lässt keine Interpretation zu!

Typischerweise gilt es, zwischen zwei verschiedenen Typen von Unsicherheitsangaben zu unterscheiden: Spezifikationen und Messergebnissen. Wir müssen bei der Messunsicherheitsanalyse mit beiden Arten von Einflussgrößen umgehen und diese auch bewerten. Auf Messergebnisse wollen wir nicht mehr weiter eingehen.

Es bleiben die Spezifikationsangaben. Wir haben gezeigt, dass viele Spezifikationsangaben als MPE-Darstellungen zu betrachten sind. Gelegentlich findet man aber auch Messwerte mit der Angabe einer Normalverteilung und entsprechendem Erweiterungsfaktor. Dies ist aber eher unüblich, weil sich diese Darstellung auf Einzelmessungen bezieht und keine allgemeine Aussage über Produkte einer speziellen Bauart oder Modellreihe erlaubt. Wir wollen nun noch ein paar typische Darstellungen diskutieren:

Folgende Darstellungen sind korrekt:

- Messbereich bis 1,999 V: 0,1% o.R. + 4 Digits

    Diese Angabe steht für eine MPE-Aussage. Zu einer maximalen Abweichung von 0,1% des Anzeigewertes (o.R. steht für: of Reading) kommen noch 4 Digits. Also hier 4 mV.

    Mit diesem Messgerät könnte man eine Spannung von 1 Volt mit einer maximalen Messabweichung von 5 mV messen.

- Maximaler Messfehler 2% or 10 Digits wig.

    Diese Aussage mit der Abkürzung ist hier nicht besonders geläufig. Maximaler Messfehler deutet auf einen MPE-Wert hin und wig heißt:

WHATEVER IS GREATER, was bedeutet, dass man den jeweils größeren der beiden Werte zu nehmen hat. Hierfür gibt es zudem andere Darstellungsformen. Manchmal fehlt diese Abkürzung ganz und zwei Aussagen stehen ohne weiter Kommentierung mit ODER verknüpft im Raume.

UND FOLGENDE AUSSAGEN SIND NICHT EINDEUTIG ALS ANGABEN ZUR MESSUNSICHERHEIT NUTZBAR:

- *Eingangsspannung* 90VAC ... 240VAC

  Dies ist die Angabe von Betriebsgrenzen, keine Messunsicherheit. Zudem ist die Notation nicht korrekt. Zahlenwert und Einheit sind durch ein Leerzeichen zu trennen und eine physikalische Größe – wie hier Volt – darf keine zusätzlichen Indizes aufweisen. Richtig wäre: Eingangsspannung (AC): 90 V bis 240 V. Auslassungszeichen, wie ... sollten vermieden werden und durch „bis" ersetzt werden.

- *Messunsicherheit* 99,99%

  Keine Aussage, da (vielleicht) das Vertrauensniveau angegeben ist, aber die Intervallbreite fehlt. Wahrscheinlich stammt diese Spezifikation aus der Werbeabteilung.

DIE FOLGENDEN ANGABEN SIND SCHLICHTWEG FALSCH UND UNBRAUCHBAR:

- *Messfehler* 20 mV ± 2%.

  Den Begriff Messfehler gilt es zu vermeiden. Zudem kann man zu einer physikalischen Größe mit Maßeinheit keine Zahl addieren. Man könnte interpretieren:

  $$20\ mV \cdot (1 \pm 0{,}02)$$

  oder: $\quad U = 20\ mV + 0{,}02 \cdot 20\ mV$

INFORMATIVE ANGABEN:

- *Deviation*: ± 2%, *typical*

  Typical oder *typische* Angaben sind keine spezifizierten Angaben, welche der Hersteller garantiert. Derartige Angabe treten auch in Verbindung mit Spezifikationen auf:

  $$\text{Deviation: } \pm 4\%\ (\pm 2\%\ typical)$$

  Der Hersteller zeigt auf, dass er sein Gerät mit einer bestimmten, maximalen Messabweichung spezifiziert hat, aber die Mehrzahl der Messmittel deutlich bessere Werte erzielen. Für den Anwender bedeutet dies, dass er unter Umständen auch die geringere Messunsicherheit annehmen kann.

Weil im Bereich der Messtechnik die vorherrschende Sprache Englisch ist, haben sich auch viele englische Begriffe im Bereich der Darstellung von Messunsicherheiten und Spezifikationen eingebürgert. Folgende Tabelle zeigt einige gebräuchliche deutsche und englische Begriffe. Auf die direkte Übersetzung haben wird verzichtet, weil hier des Öfteren mehrfache Zuordnungen möglich sind. Auch sollten sie sich nicht an der Klein- oder Großschreibung, oder Punktation stören. Hier gibt es mehr Variationen als Hersteller.

Wenn wir die folgenden Informationen auflisten, bedeutet dies nicht, dass wir deren Verwendung uneingeschränkt vorschlagen. Wir wollen lediglich Interpretationshilfen zu Daten geben, welche wir typischen Herstellerangaben entnommen haben.

5.4 Darstellung der Messmöglichkeiten

Messmöglichkeiten sollen eindeutig dargestellt werden und keinen Raum zur Interpretation lassen. Notwendige Rahmenbedingungen sind zu nennen, oder wenn dies zu umfangreich wird, muss man darauf hinweisen, dass gegebenenfalls zusätzliche Rahmenbedingungen erfüllt sein müssen.

Der DKD nutzt folgende Form, um die Angebote der akkreditierten Labore darzustellen. Hieran kann man sich gut orientieren.

Messgröße / Kalibrier-gegenstand	Messbereich	Kleinste angebbbare Messunsicherheit	Bemerkungen
Gleichstrom-widerstand	1 mΩ	$5 \cdot 10^{-6}$	Die kleinste angebbare Messunsicherheit gilt für Messungen bei 15°C ... 30°C. Bei anderen Temperaturen erhöht sich die Messunsicherheit
	10 mΩ	$2 \cdot 10^{-6}$	
	100 mΩ	$4 \cdot 10^{-6}$	
	1 Ω	$3 \cdot 10^{-6}$	
	(...)	(...)	
	1 mΩ ... 10 mΩ	25 nΩ	
	10 mΩ ... 100 mΩ	100 nΩ	
	100 mΩ ... 1 Ω	250 nΩ	

Tabelle 5.4-1: Darstellung der Messgröße (I)

Hier wird nach Fixpunkten und Bereichen unterschieden. An den Fixpunkten sind geringere Messunsicherheiten erzielbar, als sonst in den Bereichen. Manchmal ist es aber einfacher, Formeln zu nutzen, als lange Tabellen aufzuführen. Insbesondere gilt dies, wenn die kleinste angebbare Messunsicherheit von Rahmenbedingungen – wie den spezifischen Eigenschaften eines Prüflings – abhängig ist. Dann ist auch folgende Darstellung möglich (und zur Bestimmung der kleinsten angebbaren Messunsicherheit akkreditierbar).

Viele Labore machen genau das, was der Kunde erwartet und erfüllen die bezahlte Dienstleistung (und keinen Schritt mehr). Einige Labore bieten daher zudem verschiedene Kalibrierleistungen an, welche sich zumeist lediglich in der Dokumentation unterscheiden.

So haben wir dem Katalog eines namhaften Anbieter elektronischer Messmittel folgende Aussagen zu Leistungspaketen für Kalibrierungen entnommen:

Standardkalibrierung: Prüfung von Spezifikationen und Konformitätsaussage auf Hauskalibrierschein „Silber": dto., jedoch mit Darstellung der Messwerte. „Gold": Rückführbare Kalibrierung im Rahmen des DKD.

Dieses Vorgehen sehe ich kritisch. Natürlich staffelt dieser Hersteller die Preise für die Kalibrierungen. Etwas kritisch ist zu hinterfragen, ob denn die Standard- und *Silber*kalibrierung nicht rückführbar sind. Denn dann sind sie das Geld nicht wert, welches man hierfür hinlegen muss.

6 OPTIMIERUNGSPOTENTIALE ERKENNEN

Wir widmen dieses Kapitel den Optimierungspotentialen, welche uns eine Messunsicherheitsanalyse bietet.

...damit wir uns richtig verstehen...

Hier geht es nicht darum, eine geringere Messunsicherheit zu erreichen, indem man beliebige mathematische oder technische Tricks anwendet, es sei denn – und damit kommen wir zum Kern des Kapitels – man kann diese Tricks auch stichhaltig begründen. Hierzu stellen wir Werkzeuge vor.

6.1 VERFEINERN BESTEHENDER BUDGETS

Fast alle Optimierungspotentiale basieren auf einem Grundsatz: Dem Einbringen neuer Kenntnisse in ein bereits vorhandenes Messunsicherheitsbudget. Ohne ein Budget, welches als Basis der weiteren Betrachtung dient, ist ein Optimierungsansatz nicht sinnvoll, weil man die Verbesserungen nicht numerisch darstellen kann und diese somit nicht quantifizierbar sind. Wir gehen von folgender Ausgangssituation aus: Ein Messunsicherheitsbudget ist auf der Basis erster Abschätzungen erstellt worden und es wird festgestellt, dass die hier bestimmte kleinste angebbare Messunsicherheit nicht ausreichend klein ist, um die gestellte Messaufgabe zu erfüllen. Betrachten wir die uns zur Verfügung stehenden Möglichkeiten:

- Tausch von Messmitteln
- Verwendung anderer Normale
- Ändern der Prozessgleichung
- Anwendung anderer Verfahren
- Verfeinerung der Modellgleichung durch Einbringen neuer Kenntnisse
- Differenziertere Betrachtung der ermittelten Messunsicherheitsbeiträge
- Analyse des Funktionsdiagramms

(a) TAUSCH VON MESSMITTELN ODER NORMALE

Diesen Punkt können wir recht schnell abhaken. In der Regel ist die Messausstattung vorgegeben. Zudem sollte dies hier die letzte in Betracht gezogene Möglichkeit sein, weil sie oftmals aus Kostengründen – oder weil es keine präziseren Messmittel gibt - nicht zur Diskussion steht.

(b) ÄNDERUNGEN AN DER PROZESSGLEICHUNG

Gelegentlich bieten sich Ansätze, eine Messgröße auf verschiedene Art und Weise zu messen. Vielleicht erreicht man mit einer Änderung der Prozessgleichung – in Kombination mit einem geänderten Messverfahren – eine geringere Messunsicherheit. Das klassische Beispiel hierzu ist die Leistungsbestimmung eines elektrischen Verbrauchers.

Beispiel: Es gilt die physikalische Definition...

$$P_{U,I} = U \cdot I$$

Gleichung 6.1-1: Leistungsmessung (I)

...welche zugleich eine Prozessgleichung sein könnte, wenn man im Stromkreis Spannung und Strom misst. Dann belastet man den Stromkreis entweder zugleich mit zwei Multimeter oder nacheinander. Eine Alternative wäre...

$$P_{U,R} = \frac{U^2}{R}$$

Gleichung 6.1-2: Leistungsmessung (II)

Hier könnte man den Widerstand des Verbrauchers vor der Leistungsmessung bestimmen (sofern möglich) und im Betrieb wird die hieran abfallende Spannung aufgenommen. Dieser Ansatz bietet eine denkbare Alternative, wenn man den Widerstand recht gut bestimmen kann. Natürlich gibt es den entsprechenden Ansatz auch über den Strom:

$$P_{R,I} = R \cdot I^2$$

Gleichung 6.1-3: Leistungsmessung (III)

Oder man nutzt die Redundanz der Gleichungen und nimmt gleich folgenden Ansatz:

$$P = \frac{1}{3}\frac{V^2}{R} + \frac{1}{3}V \cdot I + \frac{1}{3}R \cdot I^2$$

Gleichung 6.1-4: Leistungsmessung (III)

Dies gilt natürlich nur, wenn man auch alle auftretenden Größen ermittelt und nicht etwa den Widerstand über das ohm'sche Gesetzt aus dem Strom und der Spannung nachträglich errechnet!

Betrachtungen dieser Art sind keine Allheilmittel, aber immerhin gangbare Ansätze, um nach Alternativen zu suchen.

6.2 ÄNDERUNG DES MESSVERFAHRENS

Gelegentlich erkennt man, dass man über eine Änderung des Messverfahrens zuerst nachdenkt und dann rekursiv eine andere Prozessgleichung entwickeln muss. Das bedeutet aber auch, dass man die Prozessgleichung auf ihre Gültigkeit hin untersuchen muss, wenn man das Messverfahren geändert hat. Stellt sich heraus, dass man einige Einflussgrößen der Prozessgleichung nicht vernünftig mit dem angestrebten Verfahren ermitteln kann, wird man wieder variieren müssen:

<u>Beispiel</u>: Jeder Körper schwimmt in seinem Umgebungsmedium auf, da er dieses verdrängt und erscheint leichter als er wirklich ist. Daher kann man in der Umgebungsluft die wahre Masse des Körpers schlecht ermitteln. Stattdessen bestimmt man die scheinbare Masse, welche der Körper hat.

Die wirksame Gravitationskraft eines Körpers (in Luft) ist:

$$F_S = F_{true} - F_{Arch} = m_{true} \cdot g_{lok} - m_{Luft} \cdot g_{lok}$$
$$= m_{true} \cdot g_{lok} - \rho_L V g_{lok}$$

Gleichung 6.2-1: Luftauftrieb

F_S: Wirkende Kraft
F_{true}: Gravitationskraft auf den Körper
F_{Arch}: Luftauftrieb („Archimedes"-Kraft)
m_{true}: wahre Masse
g_{lok}: lokale Gravität
m_{Luft}: Masse der verdrängten Luft
ρ_L: Luftdichte

Das Volumen der verdrängten Luft bestimmt man bei bekannter Dichte der Masse aus:

$$V = \frac{m_{true}}{\rho_K}$$

Gleichung 6.2-2: Volumenbestimmung

OPTIMIERUNGSPOTENTIALE

...und anschließend setzt man dies für das verdrängte Luftvolumen ein und erhält eine Gleichung, welche bei einer Kraftkompensationswaage die Prozessgleichung darstellen könnte:

$$m_{true} = \frac{F_S}{g_{lok}\left(1 - \dfrac{\rho_L}{\rho_K}\right)}$$

Gleichung 6.2-3: Kraftkompensation

Schon auf den ersten Blick erkennt man, dass diese Prozessgleichung einige Größen enthält, welche nicht so einfach zu bestimmen sind:

• Die lokale Gravität g_{lok} ist nur selten eindeutig bekannt und meistens verwendet man dann die Normgravität.

• Die Dichte der Luft, ρ_L, kann relativ gut bestimmt werden, wenn die notwendigen Messmittel zur Verfügung stehen. Aber dies ist oftmals nicht der Fall und man muss auf Tabellenwerte für die Normdichte zurückgreifen.

• Ähnliches gilt oft für die Dichte des Prüflings. Falls das verwendete Material bekannt ist, könnte es durchaus sein, dass man Informationen zur Dichte vorliegen hat. Ansonsten muss man durch andere Maßnahmen (zum Beispiel durch den Auftrieb im Wasser) eine Klärung herbeiführen.

Bei der Kraftkompensationswaage soll zwischen der Gewichtskraft der zu bestimmenden Masse und einer elektrisch erzeugten Kompensationskraft (z.B. Spule im Magnetfeld) Kräftegleichgewicht herrschen. Dies ist der Fall, wenn das bewegliche System in der Schwebe gehalten werden kann. Zur Kontrolle dient ein Positionssensor. Der bei Gleichgewicht der Kräfte fließende Strom durch die Kompensationsspule ist ein Maß für die Kompensationskraft.

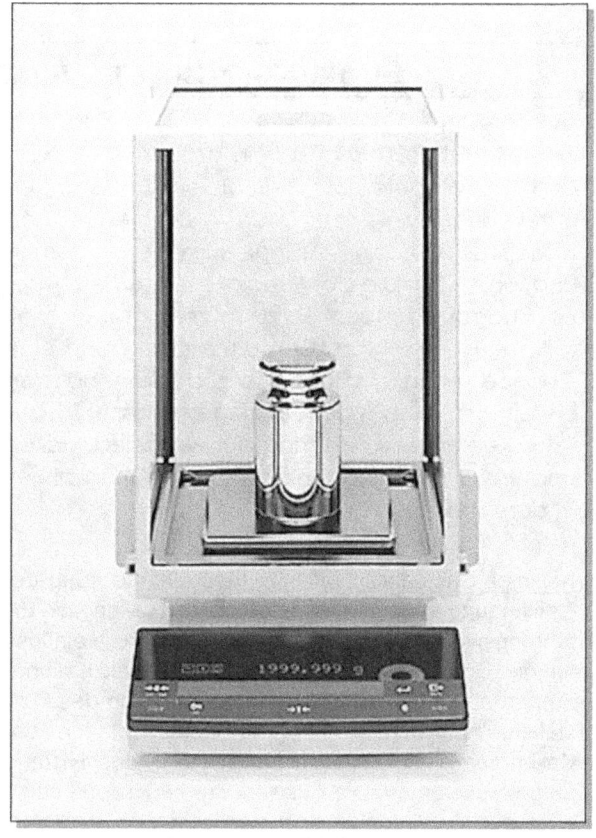

Abbildung 6.2-1: 1 kg Massekomparator (Quelle: Mettler-Toledo)

Mögliche Verfahrensvariationen wären nun:

• Messen im Vakuum, denn dann entfällt die Luftauftriebskorrektur. Hierzu benötigt man dann aber eine Vakuumkammer, eine entsprechende Pumpe und die überwachenden Messmittel. Zudem ist die Handhabung etwas schwieriger.

• Vergleichsmessung gegen einen bekannten, annähernd gleich schweren Prüfling. Dann reduziert sich der Einfluss der Gravität, wie auch die Luftauftriebskorrektur und zudem wird der ausgenutzte Anzeigeumfang der Waage reduziert.

• Substitutions- oder Vertauschungswägungen auf einer Balkenwaage anstatt einer Kraftkompensationswaage.

6.2.1 Einbringen zusätzlicher Kenntnisse

Eine Modellgleichung ist kein statisches Gebilde und im Verlaufe der Zeit vielen Änderungen unterworfen. Messmittel altern, Verfahren müssen angepasst werden, Prüflinge werden moderner, und, und, und. Die Notwendigkeiten, erneut über ein Budget nachdenken zu müssen, haben vielfältige Wurzeln. Man kann darin aber auch eine Chance sehen, darüber nachzudenken, ob man erweiterte Kenntnisse einbringen kann. Zusätzliche Kenntnisse kann man auf verschiedene Art und Weise erlangen. Eine der besten Möglichkeit ist der Aufbau einer Historie.

Beispiel: Seit Jahren wird zur Frequenzmessung der gleiche ungeregelte Oszillator benutzt. Mangels Erfahrungswerte wurde ein Messunsicherheitseinfluss für die Drift des Oszillators zwischen zwei Kalibrierungen angesetzt, welcher der Spezifikation des Herstellers entspricht. Durch die Dokumentation der Kalibrierergebnisse des Normals kann eine Historie aufgebaut werden. Die Auswertung der Historie zeigt, dass der Oszillator deutlich stabiler ist, als er spezifiziert wurde.

Auf die so gewonnene Historie kann man nun kleinere Messunsicherheiten abstützen.

Ein anderer Weg, neue Erkenntnisse zu erlangen, sind natürlich neu eingeführte oder verbesserte Messmöglichkeiten. Dies betrifft nicht nur die rein technische Seite (bessere Messmittel), sondern auch die theoretische Grundlage einer Messung. Wir kommen noch einmal auf den Oszillator zurück:

Beispiel: Der Oszillator wird im Bereich der Kurzzeitmessung als Referenz benutzt. Die Ermittlung der Stabilität im Kurzzeitbereich ist keine triviale Messaufgabe. Und zudem fehlte bis etwa 1980 eine gute Möglichkeit zur Beschreibung der zumeist statistisch ermittelten Messgröße.

Mit der Weiterentwicklung der Messtechnik wurde von David W. Allan die nach ihm benannte Allan Varianz eingeführt, welche eine gute Basis zur Beschreibung der (Kurzzeit)stabilität ist. Hierdurch konnten auch die Messunsicherheitseinflüsse von Oszillatoren genauer charakterisiert werden. Diese Art der Darstellung der Kurzzeitstabilität bildet heute eine weltweit anerkannte Basis.

Beispiel: Wenn wir uns auf die Bestimmung der wahren Masse beziehen, wäre das Einbringen neuer Kenntnisse an vielen Stellen möglich. Sei es, dass man zusätzliche Messungen zur Bestimmung der Luftdichte nutzt, dass man sich die lokale Gravität vor Ort bestimmen lässt, dass man Informationen über den Prüfling beschafft und vieles andere mehr.

6.2.2 Betrachtung der bisher eingebrachten Messunsicherheitseinflüsse

Hat man sich für einen bestimmten Prozess entschieden und die hierzu passende Gleichung entwickelt, liegt die Messmethode zunächst fest. Hierzu hat man die Messunsicherheitsanalyse durchgeführt und die Einflussgrößen betrachtet. Im Rahmen der Einbringung neuer Kenntnisse kann man die verschiedenen Messunsicherheitseinflüsse hinterfragen. Man prüft – und das braucht keine große Untersuchung sein – ob man noch immer die ursprünglichen Annahmen teilt. Ob dies immer zu einer Verkleinerung des Budgets führt, sei dahingestellt. Zumindest wird es mit jeder neuen Abschätzung zuverlässiger. Natürlich sollte man bei Änderungen einige organisatorische Details nie versäumen:

- Dokumentiere die neue Abschätzung im Rahmen der Messunsicherheitsanalyse. Sie muss später nachvollziehbar sein.
- Sofern akkreditierte Messgrößen betroffen sind, ist zu prüfen, ob man eine geringere kleinste angebbare Messunsicherheit erzielen kann. In diesem Falle kann man eine Budgetverbesserung bei der Akkreditierungsstelle beantragen.
- Die Nutzung auf Kalibrierscheinen richtet sich nach den jeweils installierten Qualitätssystemen und ist in diesem Rahmen abzuklären.

6.2.3 Analyse des Funktionsdiagramm

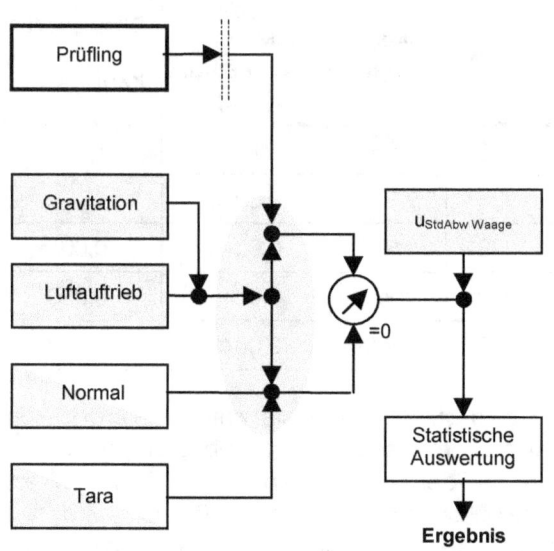

Abbildung 6.2-2: Funktionsdiagramm eines Wägevorgangs auf einer Balkenwaage (III)

Oftmals verbergen Funktionsdiagramme weitere Möglichkeiten zur Reduktion der Messunsicherheit. Interessant ist, wie hier die grau unterlegten Messunsicherheitseinflüsse des Luftauftriebs und der Gravitation auf das Normal und auf den Prüfling zugleich wirken. Im Funktionsdiagramm erkennt man dies daran, dass von einer Quelle der Einflusspfeil auf beide Größen zeigt. Immer, wenn eine solche Konstruktion auftritt, sollte man das Messunsicherheitsbudget im Hinblick auf mögliche Korrelationen zur Verringerung der Messunsicherheit betrachten.

Aber Korrelation ist nur ein Aspekt, welcher hier vielleicht deutlich werden kann. Auch erkennt man, ob sich das Funktionsdiagramm mit der Prozess- oder Modellgleichung in Einklang bringen lässt, und ob die Messunsicherheitseinflüsse an der korrekten Stelle zugeordnet worden sind. Denn was im Diagramm als Signal zusammenfließt, muss auch in der Modellgleichung zusammenfließen (zum Beispiel durch eine Addition).

6 OPTIMIERUNGSPOTENTIALE

6.3 Kenntnisse über Ausstattung und Methoden

6.3.1 Einbringen der Kenntnisse über die Messausstattung

Durch das Einbringen neuer Kenntnisse kann man differenziertere Messunsicherheitsbudgets erstellen. Man muss dann von Fall zu Fall den Aufwand abwägen, wie weit man die Analyse treibt. Sinn macht es in erster Linie dort, wo man zum Beispiel statistische Unsicherheitsbeiträge von systematischen Beiträgen trennen kann. Die systematischen Anteile wären zum Teil korrigierbar und nur ein Rest bleibt als statistischer Einfluss erhalten.

Ein anderer Weg wäre die Kontaktaufnahme mit dem Hersteller oder Vertrieb des Messmittels. Hier rentiert es sich, wenn man kein Billigmessmittel gekauft hat, sondern auf Produkte namhafter Hersteller zurückgegriffen hat.

Zudem kann man des Öfteren zusätzliche Tipps zum optimierten Einsatz der jeweiligen Messmittel erhalten (zum Beispiel in Application Notes).

6.3.2 Historie über Bezugsnormale und Geräte

Wir haben bereits gezeigt, wie wir Kenntnisse aus einer Historie gewinnen können. Auch für die Bestimmung der Messunsicherheit ist die Bedeutung der Historien nicht zu unterschätzen. Bei jedem Budget sollte man die Drift in Betracht ziehen und mit einer entsprechenden Einflussgröße im Messunsicherheitsbudget berücksichtigen. Oftmals ist die Größe aber schon in anderen Einflussgrößen mit einkalkuliert. Nun ist es aber denkbar, für ein Messmittel geringere Messunsicherheiten anzunehmen, als die Spezifikationen des Herstellers. Dies kann aber nur auf der Basis gesicherter Informationen geschehen. Für die Nutzung einer Historie sollten zu mindestens drei fortlaufenden Kalibrierungen die ermittelten Istwerte und deren Messunsicherheiten bekannt sein:

Beispiel: Nachfolgend sind die Kalibrierwerte eines 10 dB Einfügedämpfungsglieds aufgeführt. Weil diese zum einen als allgemeine Funktionselemente zur Signaldämpfung genutzt werden, sind die Herstellerspezifikationen entsprechend großzügig gefasst. Da sich aber andererseits die gleichen Dämpfungsglieder auf Grund ihrer Stabilität recht gut als Normale

eignen, liegt es nahe, über eine Historie mehr Kenntnisse über die Ist-Werte zu erlangen.

Datum	Mess-wert	Erweiterte Mess-unsicherheit (κ=2)	Differenz zur letzten Kalibrierung
1995	9,985	0,50	
1996	9,972	0,0040	
1998	9,977	0,0040	0,005
2000	9,977	0,0040	0,000
2002	9,973	0,0040	-0,004

Auffällig ist, dass sich die zeitliche Veränderung bei den drei verlässlichen Kalibrierungen etwa im Bereich der erweiterten Messunsicherheit der Einzelkalibrierung bewegt. Daher wird vorgeschlagen, an Stelle der Herstellerspezifikation zwei getrennte Anteile zu betrachten. Für U_{Norm} nehmen wir die erweiterte Messunsicherheit bei der Kalibrierung an (natürlich mit einer Normalverteilung und $k=2$). Zusätzlich führen wir eine zeitabhängige Größe U_{Drift} ein, welcher wir je halben Jahr nach einer Kalibrierung einen Anteil von ¼ der erweiterten Messunsicherheit der Kalibrierung zuordnen. Eine feinere Unterteilung – oder sogar eine fließende Unterteilung – ist zur Bestimmung der Messunsicherheit nicht sinnvoll.

Wie die beiden Anteile U_{Norm} zu U_{Drift} letztendlich gegeneinander zu gewichten sind, muss individuell entschieden werden. Dies bedeutet dann in letzter Konsequenz, dass sich die Messunsicherheit im zeitlichen Intervall zwischen zwei Kalibrierungen deutlich ändern wird. Kurz nachdem ein Normal kalibriert wurde ist die Wahrscheinlichkeit, dass man die gleichen Bedingungen annehmen kann noch am größten. Je mehr Zeit verstreicht, desto größer wird die wahrscheinliche Abweichung von den Verhältnissen der letzten Kalibrierung. Aber dies führt in obigem Beispiel bei einem selbstgewählten Kalibrierintervall von zwei Jahren zu einer erweiterten Messunsicherheit von...

$$U_{0,95} = 0{,}004\,dB + 4 \cdot \frac{0{,}004\,dB}{4} = 0{,}008\,dB$$

Gleichung 6.3-1: Kraftkompensation

Dieser Wert ist auf jeden Fall deutlich geringer, als die Herstellerspezifikation von 0,5 dB.

6.4 ANALYSE DES MESSUNSICHERHEITSBUDGETS

Optimierungspotentiale lohnen sich nur bei den wesentlichen Einflussgrößen. Häufig konzentriert man sich bei Budgetverbesserungen auf die falschen Einflussgrößen, weil man die Dominanz von vermeintlich trivialen Einflüssen nicht erkennt oder nicht ausreichend bewertet hat.

<u>Beispiel</u>: Gehen wir von der Kalibrierung eines Dämpfungsgliedes aus. Das Messverfahren sieht eine Substitutionsmessung Prüfling gegen Normal an einem Dämpfungsmessplatz vor. Die Messgröße ist die Einfügedämpfung. Ein Generator stellt die Leistung zur Verfügung, welche über das Normal oder über den Prüfling dem Messsystem zugeführt wird. Dieses ist in der Regel ein stabiler, sensibler Leistungsmesser. Bei jeder Störstelle im Leitungsweg (Fehlanpassung) wird ein Teil der Leistung reflektiert, so dass nicht der gesamte Leistungsanteil das Messsystem erreicht.

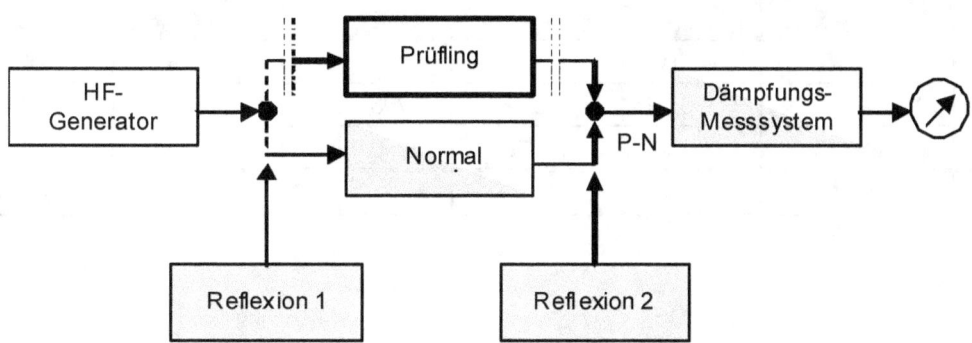

Diagramm 6.4-1: Funktionsdiagramm Der Dämpfungsmessung

6 OPTIMIERUNGSPOTENTIALE

Die typischen Messunsicherheitseinflüsse wären:

- Linearität des Messsystems (δin)
- Stabilität des Oszillators (δOsc)
- Ermittelte Messunsicherheit des Bezugsnormals (δN)
- Fehlanpassung Prüfling/Generator ($\delta \Gamma_{PG}$)
- Fehlanpassung Prüfling/Messsystem ($\delta \Gamma_{PM}$)
- Fehlanpassung Normal/Generator ($\delta \Gamma_{NG}$)
- Fehlanpassung Normal/Messsystem ($\delta \Gamma_{NM}$)
- Kabelbiegung (Veränderung des Dämpfungs- und Phasenverhaltens von Messkabel) (δKB)
- Konnektorwiederholbarkeit (ohne Fehlanpassung, welche getrennt betrachtet wird) (δKW)
- Rauschen und Übersprechen der Messanordnung ($\delta R\ddot{U}$)

Hierzu wurde folgendes Messunsicherheitsbudget aufgestellt:

{1}	{2}	{3}	{4}	{5}	{6}	{7}	{8}
Einflussgröße	Schätzwert	Halbbreite des Messunsicherheitseinfluss	Verteilung	Gewichtung	Sensitivitätskoeffizient	Freiheitsgrad	Standardmessunsicherheit
δ	S	a		$\sqrt{G}$	c	ν	U {3}·{5}·{6}
δLin		0,07 dB	R	$1/\sqrt{3}$	1	∞	0,041 dB
δOsc		0,008 dB	R	$1/\sqrt{3}$	1	∞	0,0046 dB
δN	10 dB	0,004 dB	N	1	0,5	50	0,002 dB
$\delta \Gamma_{NG}$		0,04	U	$1/\sqrt{2}$	1	∞	0,028 dB
$\delta \Gamma_{NM}$		0,05	U	$1/\sqrt{2}$	1	∞	0,035 dB
$\delta \Gamma_{PG}$		0,07	U	$1/\sqrt{2}$	1	∞	0,050 dB
$\delta \Gamma_{PM}$		0,06	U	$1/\sqrt{2}$	1	∞	0,043 dB
δKB		0,04	R	$1/\sqrt{3}$	1	∞	0,023 dB
δKW		0,025	R	$1/\sqrt{3}$	1	∞	0,015 dB
$\delta R\ddot{U}$		0,03	R	$1/\sqrt{3}$	1	∞	0,017 dB
$U_{0,95}$	10 dB					>50	0,29 dB

Tabelle 6.4-1: Messunsicherheitsbudget

OPTIMIERUNGSPOTENTIALE

Bei diesem Budget sieht man deutlich, dass – obwohl es sehr umfassend aufgebaut wurde – lediglich wenige Terme dominant sind. Bei genauerer Betrachtung wird zudem deutlich, dass drei der vier hervorgehobenen Terme Reflexionseinflüsse sind und somit gemeinsame Ursachen haben. Bei einer Budgetverbesserung kommt man wesentlich weiter, wenn man sich durch besondere Anpassungsmaßnahmen auf den Leitungen zunächst dem Problem der Fehlanpassung widmet. Wenn man die Einflüsse quadratisch gegeneinander gewichtet – wie diese auch im Budget addiert werden – wird der Effekt noch deutlicher. Die alleinige Konzentration auf den Beitrag der Linearität der Messanordnung oder auf einzelne Reflexionsanteile ist nicht sinnvoll.

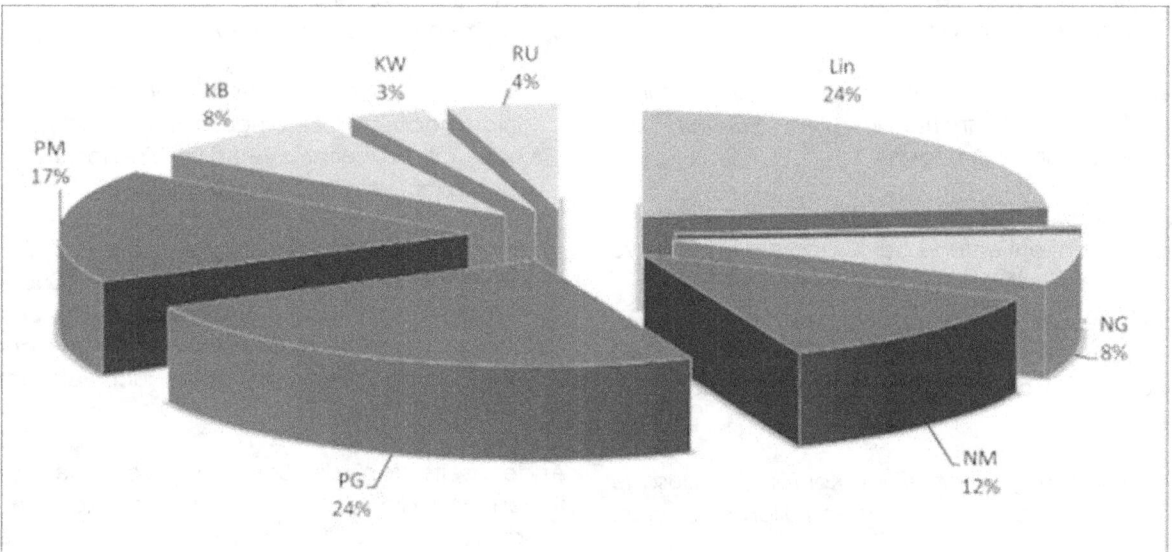

Diagramm 6.4-2: Quadratisch gewichtete Messunsicherheit Dämpfung

Würde man in einem Satz guter Adapter und Konnektoren investieren, kann man an mehreren Punkten gleichzeitig in das Budget eingreifen und hierbei sicher mit der geringsten Investition den größten Nutzen erzielen.

7 Konformitätsaussagen und Bereichskalibrierungen

Aussagen zur Konformität – zur Einhaltung von Spezifikationen – und die Bewertung ganzer Messbereiche sind de facto selbstständige Problemfelder der Kalibrierung. Dennoch werden in der Praxis gerade diese beiden Fragen eng miteinander verknüpft.

Für den Kunden steht immer im Vordergrund: Erfüllt mein Messmittel in allen Punkten die gestellten Anforderungen?

Mit dieser Fragestellung werden Kalibrierlabore häufig konfrontiert und der Kunde erwartet hierzu eine klare Go/NoGo-Aussage.

Die Messwertdarstellung mit der Angabe von Unsicherheiten tritt hingegen in den Hintergrund und wird in den meisten Fällen auch gar nicht erst gelesen.

Die Forderung nach einer Konformitätsausage kann ein Labor in den meisten Fällen aber nicht liefern.

Aus den bereits mehrfach diskutierten Gründen können Kalibrierlabore hierzu belastbare Aussagen nur mit großem Aufwand an Zeit und Material liefern. Kalibrierung bedeutet eben, dass Feststellen von Messwerten mit zugeordneten Messunsicherheiten als singuläre Punkte. Zu diesen Punkten sind Aussagen möglich. Transfers auf Bereiche erschließen sich nur mit großem, weiterem Aufwand.

Konformitätsaussagen – gerade zu Bereichen – und nicht nur zu einzelnen Messpunkten haben eine immense wirtschaftliche Relevanz:

- Für den Kunden ist relevant, ob seine Investition noch sinnvoll eingesetzt werden kann, oder ob er weiteres Geld in die Hand nehmen muss, um Defizite auszugleichen.

- Für das ausführende Kalibrier- oder Prüflabor ist bedeutend, wie auch für ein Labor, welches sich in Konkurrenz mit anderen Laboren sehr wohl überlegen muss, welche Aussagen getroffen und dann auch vertreten werden können.

Andererseits steht die Bewertung von Spezifikationen und die hiermit verbundenen Konformitätsaussagen und Bereichskalibrierungen unter ständiger Diskussion, so dass auch normative Dokumente nur selten hilfreich sind.

Eine Konformitätsaussage ist auf einem Kalibrierschein zulässig. Ein zurückhaltender und wohlüberlegter Ansatz bei der Bewertung der Konformität wird aber vorausgesetzt.

7 KONFORMITÄTSAUSSAGEN

7.1 KONFORMITÄT

Die Konformitätsaussage gilt zunächst für den Zeitpunkt der Kalibrierung und für die individuellen Messwerte. Hersteller legen aufgrund der Kenntnis um die technischen Eigenschaften des eigenen Produktes oftmals speziell ausgewählte Testpunkte fest und kennen die problematischen Felder, welche gesondert geprüft werden müssen.

Gegebenenfalls ist es auf der Basis von Systemkenntnissen auch möglich – wie bei einer Eichung – eine Aussage für einen bestimmten, kommenden Zeitraum zu treffen. Hierzu müssen dann aber auch spezielle Driftprognose erstellt und mit einer entsprechenden Wahrscheinlichkeit bewertet werden.

Es ist klar, dass man für eine Aussage über einen zukünftigen Zeitraum hinweg sehr detaillierte Kenntnisse über das zeitliche Verhalten des Messmittels braucht. Im Zusammenhang mit der Kalibrierung verbietet sich in der Regel eine solche Aussage.

Vor einer Eichung werden hierzu extra entsprechende Untersuchungen angestellt, um die notwendigen Kenntnisse über die Stabilität der Prüflinge zu erlangen. Dies geschieht im Rahmen der Bauartprüfungen. Und nur Messgeräte, welche die gestellten Forderungen erfüllen, werden zur Eichung zugelassen.

Zunächst betrachten wir aber die möglichen Aussagen zu einzelnen Messpunkten.

Messunsicherheitsbudgets erlauben keine andere Aussage, als eine punktuelle Angabe immer nur für einen Messwert. Eine Verallgemeinerung für Bereiche ist nicht ohne Weiteres möglich.

→ Kapitel 7.2 *Messunsicherheitsbetrachtungen für Bereiche*, Seite 104

Wie man dennoch zu wohlbegründeten Aussagen zu Messbereichen kommt, zeigen wir später. Es gelten für uns folgende Definitionen:

Spezifikationen sind die in der Regel vom Gerätehersteller für sein Produkt vorgegebene, messbaren Eigenschaften, welche das Produkt erfüllen soll.

Definition 7.1-1: Spezifikation

<u>Konformität</u> (Konformitätsaussage): *Ein Gerät, dessen technische Daten innerhalb der vorgebenen Spezifikationsgrenzen liegt, ist hierzu konform. Die Darstellung dieser Aussage auf einem Kalibrier- oder Prüfschein ist eine Konformitätsaussage.*

Definition 7.1-2: Konformität

Die folgenden Grafiken zeigen mögliche Lagen von Messwerten mit ihren ermittelten Messunsicherheiten in Relation zu vorgegebenen Grenzen.

Beim ersten Diagramm erlauben lediglich der oberste und unterste Messwert ist eine eindeutige Aussage, weil die Lagebeziehung zu den Grenzen eindeutig gegeben ist.

Der Messwert liegt mindestens die Breite der (erweiterten) Messunsicherheit von der vorgegebenen Grenze entfernt. Bei den drei mittleren Werten ist eine solche eindeutige Aussage nicht möglich. Es kann lediglich eine nicht gesicherte Tendenzaussage gemacht werden, auf welcher Seite der Grenze der Messwert mehr oder minder wahrscheinlich liegt.

In Bezug auf Spezifikationsgrenzen interessiert die Aussage *innerhalb oder außerhalb* einer vorgegebenen Spezifikation. Eine zusätzliche Aussage links/rechts, oder kleiner/größer kann zusätzlich getroffen werden, wenn die Spezifikation ein Intervall zwischen zwei Grenzen darstellt.

7   KONFORMITÄTSAUSSAGEN

Wir nutzen folgende Darstellung für den Spezifikationsbereich mit seinen Grenzen für die Beispiele.

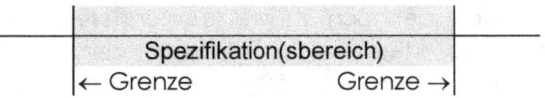

Diagramm 7.1-1: Darstellung des Spezifikationsbereichs und der Spezifikationsgrenzen

Für den Messwert mit seiner erweiterten Messunsicherheit nutzen wir folgende Darstellungsform:

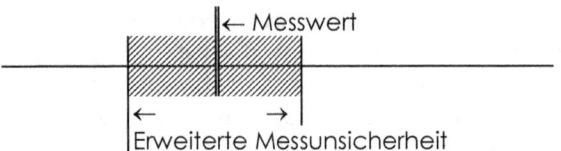

Diagramm 7.1-2: Messwert mit Messunsicherheit

Die Konformitätsaussage ist immer in Bezug auf das gewählte Vertrauensniveau zu bewerten.

Falls im Rahmen einer Kalibrierung ein Niveau vom 95 Prozent bei der Angabe der erweiterten Messunsicherheit angenommen wird, beziehen sich auch die nachfolgenden Wahrscheinlichkeiten von Konformitäten auf dieses Niveau.

Folgende Lagen (→ Diagramm 7.1-3 und Diagramm 7.1-4) sind unkritisch und eine Konformitätsaussage ist mit mindestens 95prozentiger Wahrscheinlichkeit zu treffen:

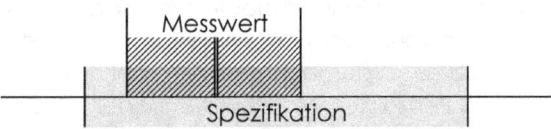

Diagramm 7.1-3: Messwertlage: Konformität gegeben

Die Entscheidung „*Konformität*" ist in diesem Falle richtig.

Die Bedingungen an eine Konformitätsaussage sind auch nachfolgend – beim einem schlechten Verhältnis von Messunsicherheit zum Spezifikationsbereich – erfüllt, da die erweiterte Messunsicherheit ebenfalls innerhalb der Spezifikationsgrenzen liegen.

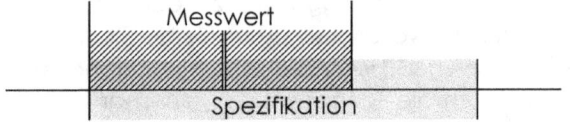

Diagramm 7.1-4: Messwertlage: Konformität gegeben (II)

Bei allen Fällen, die wir hier besprechen, ist es von den Ergebnissen her unrelevant, ob die Grenzen des Vertrauensbereichs und der Spezifikation exakt deckungsgleich sind oder sich infinitesimal unterscheiden. Dies mag den Mathematiker in der Beweisführung interessieren; von messtechnischer Bedeutung ist es nicht.

Ebenso ist es müßig, darüber zu diskutieren, ob ein Messwert der exakt auf der Spezifikationsgrenze liegt nun als Gut oder Schlecht bewertet werden soll. Denn unter Hinzunahme der erweiterten Messunsicherheit verbietet sich dann sowieso jegliche Konformitätsaussage.

Im folgenden Fall (→ Diagramm 7.1-5) kann keine Konformität festgestellt werden. Zwar liegt der Messwert im Spezifikationsbereich. Die Bestimmung des Wertes erlaubt aber keine ausreichend verlässliche Aussage.

Diagramm 7.1-5: Unsichere Messwertlage

Sollte der Messwert – wie dargestellt – innerhalb des Spezifikationsbereichs liegen, ein entsprechend geprüftes Produkt aber auf der Basis der (zu großen) Messunsicherheit abgelehnt werden, dann spricht man auch von einem α-Risiko, dass der Hersteller zu tragen hat. Hier wird die wirtschaftliche Relevanz kleiner Messunsicherheiten besonders deutlich.

KONFORMITÄTSAUSSAGEN

Spitzfindige Leser werden nun bemerken, dass dem Vertrauensbereich eine Normalverteilung zu Grunde liegt. Wenn diese 95 Prozent der Wahrscheinlichkeit überdecken soll, liegen jeweils 2,5% der Wahrscheinlichkeit links und rechts außerhalb des zu betrachtenden Intervalls. Man könnte sich doch auf eine einseitige Verschiebung des Niveaus festlegen, so dass 5% außerhalb des Intervalls liegen: theoretisch möglich, aber in der Praxis bedenklich.

Bei folgender (realen) Lage des Messwertes im Vertrauensintervall müsste man ein Produkt auf Grund der unklaren Lage zurückweisen, obwohl es de facto die geforderten Bedingungen erfüllen würde:

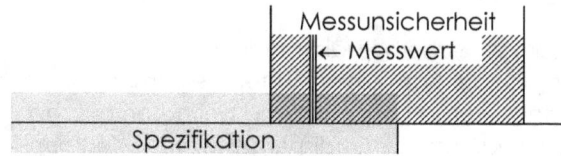

Diagramm 7.1-6: Unklar bestimmbare Lage, aber innerhalb der Spezifikationen

Bei der Lage gemäß (Diagramm 7.1-7) des Messwertes im Vertrauensintervall müsste man ein Produkt auf Grund der unklaren Lage ebenfalls zurückweisen. In diesem Falle wäre die Entscheidung korrekt.

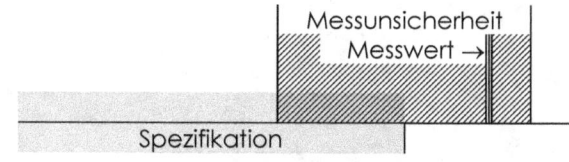

Diagramm 7.1-7: Unklar bestimmbare Lage, außerhalb der Spezifikationen

Mit einer kleineren Messunsicherheit wäre eine eindeutige Bewertung in beiden Fällen möglich. Wirtschaftliche Schäden durch Produktionsausfälle können monetär klar gegen die Mehrkosten bei der Anschaffung von Messmitteln und bei der Umsetzung von Messverfahren abgewogen werden.

Daher betrachten wir beide Fälle (Diagramm 7.1-6 und Diagramm 7.1-7) nochmals mit geringerer Messunsicherheit:

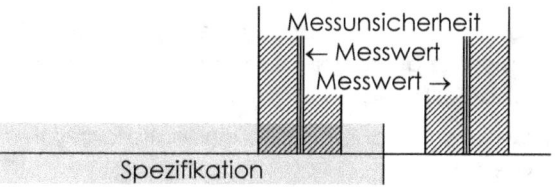

Diagramm 7.1-8: Lagebilder mit geringerer Messunsicherheit

Eindeutig Nicht-Konform ist hingegen folgender Fall:

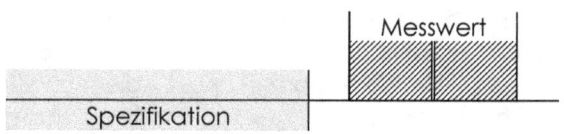

Diagramm 7.1-9: Eindeutig nicht-konforme Messwertlage

Um eine konkrete Aussage über die Lage der Messergebnisse relativ zur Grenze treffen zu können, bietet es sich an, um die Spezifikationsgrenzen einen Sicherheitsabstand mit gleicher Breite wie die erweiterte Messunsicherheit einzuhalten.

Unter der Annahme, dass sich in automatisierten Messprozessen die Messunsicherheiten unter Wiederholbedingungen kaum ändern, kann man nun zur vereinfachten und automatisierten Bewertung Schutzzonen <u>in gleicher Breite wie die erweiterte Messunsicherheit</u> (so genannte *Guardbands*) um die Spezifikationsgrenzen legen, die den Bereich definieren, in dem keine eindeutige Aussage möglich ist.

Für alle anderen Lagebeziehungen sind dann eindeutige Aussagen möglich.

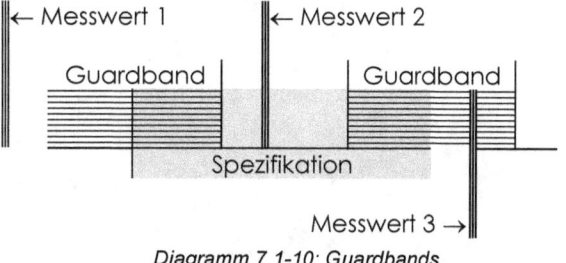

Diagramm 7.1-10: Guardbands

- Für Messwert 1 kann eine automatisierte Ablehnung ausgesprochen werden („NoGo").
- Messwert 2 kann ebenso eindeutig akzeptiert werden.
- Für Messwert 3 wird keine Entscheidung getroffen.

Derartige *Kleiner als / Größer als* – Entscheidungen lassen sich einfach programmieren und erleichtern bereits bei der Messwerterfassung den Aufwand bei der Bewertung von Messergebnissen. Hieraus kann man auch folgende Festlegungen für Akzeptanz- und Ablehnungsbereiche treffen:

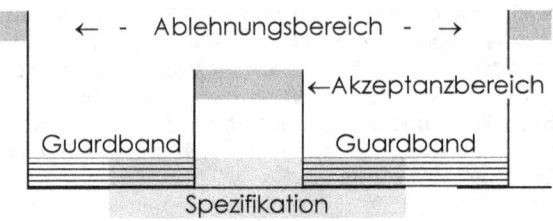

Diagramm 7.1-11: Akzeptanz- und Ablehnungsbereich

Die englischsprachige Literatur (Vorreiter Fa. Firma Fluke zum Beispiel bei der Messsoftware MetCal) nennt dies Guardband. Der Begriff findet langsam Eingang in die Messtechnik.

Derartige Sicherheitsabstände können zum Beispiel auf der Basis eines Muster-Messunsicherheitsbudgets vorab geschätzt und bei automatischen Messabläufen zur rechnergestützten Konformitätsaussage genutzt werden.

Fall	Lagebeziehung	Mögliche Aussage
1	Der Messwert und seine zugeordnete erweiterte Messunsicherheit sind kleiner als die untere Spezifikationsgrenze. $(M + U_{0,95}) \leq G_U$	Der Messwert ist mit mindestens 97,5%iger Wahrscheinlichkeit außerhalb der Spezifikationen.
2	Der Messwert ist kleiner als die untere Spezifikationsgrenze, aber die erweiterte Messunsicherheit überdeckt die Spezifikationsgrenze. $[M < G_U] \wedge [(M + U_{0,95}) > G_U]$	Indifferent. Keine klare Aussage zu treffen. Wahrscheinlicher außerhalb als innerhalb der Spezifikation.
3	Der Messwert ist größer als die untere Spezifikationsgrenze, aber die erweiterte Messunsicherheit überdeckt die Spezifikationsgrenze. $[M \geq G_U] \wedge [(M - U_{0,95}) < G_U]$	Indifferent. Keine klare Aussage zu treffen. Wahrscheinlicher innerhalb als außerhalb der Spezifikation.
4	Der Messwert und seine zugeordnete Messunsicherheit liegen im Spezifikationsintervall ohne dass eine Spezifikationsgrenze überdeckt wird. $[(M - U_{0,95}) \geq G_U] \wedge [(M + U_{0,95}) \leq G_O]$	Der Messwert liegt mit mindestens 95%iger Wahrscheinlichkeit innerhalb der Spezifikationen.
5	Der Messwert ist kleiner als die obere Spezifikationsgrenze, aber die erweiterte Messunsicherheit überdeckt die Spezifikationsgrenze. $[M \leq G_O] \wedge [(M + U_{0,95}) > G_O]$	Indifferent. Keine klare Aussage zu treffen. Wahrscheinlicher innerhalb als außerhalb der Spezifikation.
6	Der Messwert ist größer als die obere Spezifikationsgrenze, aber die erweiterte Messunsicherheit überdeckt die Spezifikationsgrenze. $[M > G_O] \wedge [(M - U_{0,95}) < G_O]$	Indifferent. Keine klare Aussage zu treffen. Wahrscheinlicher außerhalb als innerhalb der Spezifikation.
7	Der Messwert und seine zugeordnete erweiterte Messunsicherheit sind größer als die obere Spezifikationsgrenze. $(M - U_{0,95}) \leq G_O$	Der Messwert ist mit mindestens 97,5%iger Wahrscheinlichkeit außerhalb der Spezifikationen.

Tabelle 7.1-1: Mögliche Lagebeziehungen bei zweiseitigen Spezifikationsgrenzen

M: Messwert
$U_{0,95}$: Erweiterte Messunsicherheit mit Vertrauensniveau 0,95
G_U: Untere Spezifikationsgrenze
G_O: Obere Spezifikationsgrenze
$\wedge$: logische Verknüpfung „Und"

Kann man nun weitere Kenntnisse über seine Messung einbringen, oder hat man aufgrund besserer Messbedingungen die Möglichkeit, geringere, erweiterte Messunsicherheiten zu erzielen, kann der Sicherheitsabstand zu den Spezifikationsgrenzen verringert werden. Nun werden auch Aussagen zu Messwerten möglich, welche zuvor am Rande des *Guardbands* lagen. Im Rahmen von Produktbewertungen kann die verbesserte Messtechnik häufig wesentlich zur Wirtschaftlichkeit beitragen, weil die Ausschussquote alleine aufgrund der verbesserten Messmöglichkeiten verringert werden kann. Auf der anderen Seite wird ersichtlich, dass man eine gesicherte

Aussage zu einem Messwert nur so lange machen kann, wie ein vernünftiges Verhältnis zwischen den kleinsten angebbaren Messunsicherheiten und den zu prüfenden Spezifikationen besteht.

Hier gelangen wir an den Punkt, wo zwei Philosophien aneinander geraten. Zum einen sind feste Grenzen gewünscht, welche eine Aussage Gut/Schlecht ermöglichen und zum anderen kann die Messtechnik in fast allen Fällen nur eine Aussage in der Form: *„Mit einer gewissen Wahrscheinlichkeit liegen die gemessenen Werte in einem definierten Intervall"* liefern. Diese Wahrscheinlichkeiten mit den unscharfen Grenzen erlauben lediglich Festlegungen zu den Intervallbreiten, welche die Wahrscheinlichkeitsverteilung des Auftretens der Messwerte näher beschreiben.

Man hat sich nun geeinigt, dass es ausreicht, die Grenzen $k_{0,95} = 2$ oder $k_{0,99} = 3$ zu benutzen und die letzten fehlenden Prozente als kalkulatorisches Risiko mitzunehmen. Nun liegt es an der entsprechenden Firmenphilosophie der Hersteller, vielleicht auch eher mit $k_{0,99} = 3$, oder $k_{0,999} = 4$ zu arbeiten. Im englischen ist der Begriff MAXIMAL PERMISSIBLE ERROR (MPE) zur Beschreibung derartiger Spezifikationen geläufig.

7.2 MESSUNSICHERHEITSBETRACHTUNGEN FÜR BEREICHE

Es hilft einem Elektrotechniker nicht besonders weiter, wenn er 224 Volt messen soll, man ihm aber lediglich eine Kalibriertabelle mitliefert, in welcher Aussagen für 200 V, 220 V und 240 V gemacht werden. Natürlich kann man nun Vermutungen dazu anstellen, wie groß die Wahrscheinlichkeit ist, dass der Messwert bei 224 Volt zuverlässig ist, wenn die Spannungsanzeige bei 220 Volt und 240 Volt zuverlässig ist. In der Praxis wird eben nach diesem Grundsatz verfahren. Aber auf welcher Basis ist diese Aussage legitim?

Es scheint nun unter Technikern zwei Wege zu geben, an die Konformitätsaussagen für Bereiche heranzugehen:

- Im ersten Fall – wie oben - schließt man schlicht und einfach aus, dass man eine Aussage für einen kompletten Messbereich treffen kann, weil die Bestimmung der Messunsicherheit lediglich für singuläre Messungen möglich ist und man überall dort, wo man nicht gemessen hat, keine gesicherte Aussage treffen kann.

- Im zweiten Falle nimmt man eine Reihe Messwerte im Bereich auf, stellt fest, dass an jedem einzelnen Messpunkt die Spezifikation erfüllt wird (Konformität im Einzelpunkt) und anschließend trifft man eine Aussage für den gesamten Bereich: „Das Messmittel ist konform mit den Spezifikationen des Herstellers".

Beide Extrema sind nicht ganz so falsch und andererseits auch nicht ganz korrekt.

Korrekt ist, dass eine Aussage zu Messbereichen zunächst einmal auf einer Reihe von Einzelmessungen beruht und dann zum Anderen auf einer Konformitätsaussage über das Einhalten von Spezifikationen an den Punkten der Messung. Dies ist aber nicht ausreichend. Man muss nun zudem zuvor erlangte Kenntnisse über den Träger der Messgröße einbringen, um verallgemeinern zu können.

7.2.1 Anzahl der Messpunkte im Bereich festlegen

Zunächst steht die Erlangung der Kenntnisse um das Verhalten des Messmittels im Vordergrund. Hierzu wird es notwendig sein, vorerst mehr Messpunkte im Messbereich zu verteilen. Dieses enge Raster soll ausschließen, dass man singuläre Spitzen in der Charakteristik des Messmittels erkennen kann. Man spricht in diesem Falle auch von *Messfeldern*.

An den Bereichsgrenzen und um charakteristische Punkte herum sollten Messpunkte vorliegen.

Charakteristische Punkte sind zum Beispiel Nullpunkte, interne Messbereichsumschaltungen, sofern diese nicht als eigenständige Bereiche betrachtet werden können und Punkte an denen mit speziellen äußeren Einflüssen zu rechnen ist (Reflexionen, Stehwellen, Taupunkte, Siedepunkte, spektrale Linien, ...).

Das Raster ist hinreichend eng zu wählen, um ausschließen zu können, dass Spezifikationsüberschreitungen übersehen werden. Hierbei sind die Kenntnisse um den Prüfling entscheidend und allgemeine Faustregeln sind leider nicht möglich.

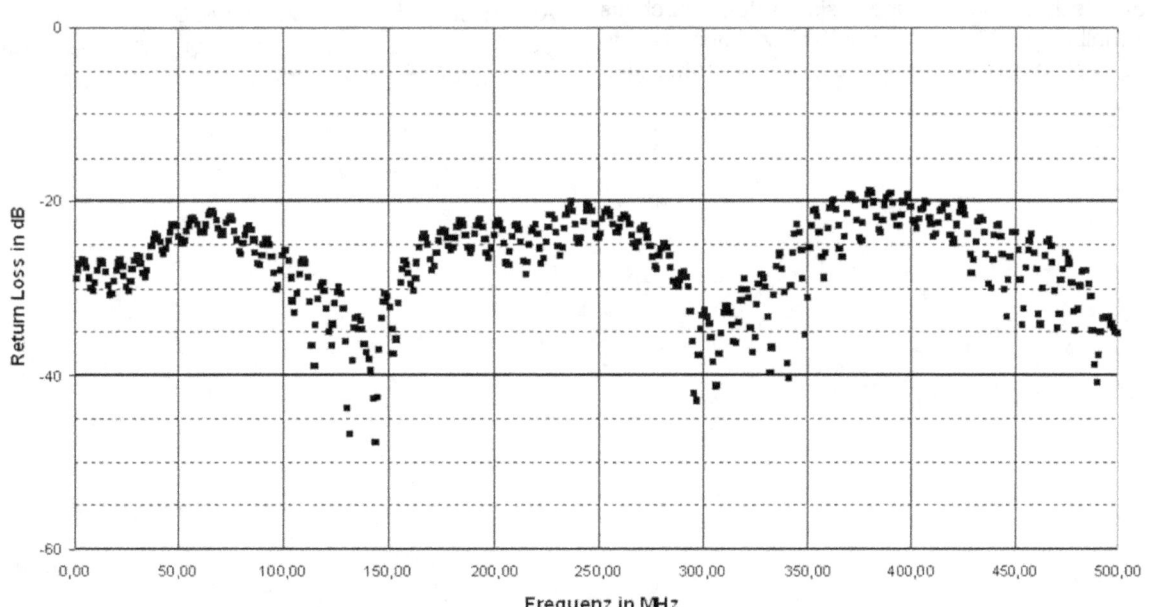

Diagramm 7.2-1: Messwertverteilung bei einer Reflexionsmessung über die Frequenz

Beispiel: In der Abbildung ist das Messergebnis einer Reflexionsmessung aufgetragen worden. Typisch ist das Auftreten sogenannter „Ripples", welche als kleinere Welligkeit den gröberen Kurvenverlauf überlagert. Die erzielten Messunsicherheiten sind klein gegenüber der aufgetragenen Größe und treten nicht in Erscheinung. Die Grenzen der Prüfspezifikationen betragen –20 dB und –40 dB. Die meisten Messwerte liegen innerhalb der Spezifikationen. Die kontinuierliche Spezifikationsüberschreitung zwischen 350 MHz und 400 MHz würde sicher auch bei einer geringeren Anzahl von Messpunkten auffallen. Die Darstellung der Ripples auf dem Gesamtsignal fällt aber erst bei einer hinreichend hohen Auflösung auf. Auch einzelne Spezifikationsüberschreitungen (unterhalb von –40 dB) zwischen 120 MHz und 150 MHz, bei etwa 290 MHz und bei 440 MHz könnten leicht übersehen werden.

Hier wurden 501 Messpunkte ausgewertet, um eine genügend große Datenbasis zu erlangen. Ansonsten wäre eine vernünftige Aussage nicht möglich. Da die Spezifikationsüberschreitungen an der Untergrenze relativ schmalbandig sind (sie treten durchaus innerhalb von 20 MHz bei 500 MHz Intervallbreite auf), ist ein enges Raster an Messpunkten notwendig.

Messmittel, deren Messabweichungen von einfachen physikalischen Zusammenhängen dominiert werden, benötigen in der Regel nur wenige Messpunkte. Dies trifft in erster Linie auf mechanische Messmittel, wie die Balkenwaage zu. Auch Temperaturfühler oder analoge Multimeter folgen einfachen Charakteristika. Hier sind manchmal bereits fünf Messungen ausreichend. Sobald aber schon kleinste zusätzliche Einflüsse hinzukommen, kann es mit den einfachen Betrachtungen zu Ende sein. Messuhren nutzen zum Beispiel eine mechanische Untersetzung mittels Zahnstange und Getriebe, digitale Multimeter haben komplexe A/D-Wandler und viele Hochfrequenzkomponenten reagieren sehr selektiv auf Frequenzen und neigen gelegentlich zu Regelschwingungen und Reflexionen. In diesen Fällen ist zumindest anfangs die Notwendigkeit gegeben, deutlich mehr Messpunkte zu verwenden, um das charakteristische Verhalten der jeweiligen Messmittel zunächst zu bewerten. Anschließend kann dann wieder die Entscheidung getroffen werden, ob vielleicht doch weniger Messwerte ausreichend sind.

8 MESSUNSICHERHEITSANALYSE BEI BESONDEREN MESSTECHNISCHEN AUFGABEN

Unter dem Kapitel BESONDERE MESSTECHNISCHE AUFGABEN wollen wir einige typische Problemstellungen ansprechen, welche einerseits besonders sind, weil es sich scheinbar um individuelle Probleme handelt, diese aber andererseits dennoch symptomatisch im Umfeld der Messunsicherheitsbestimmung sind.

Auch wenn sie sich zunächst nicht von der jeweiligen, einzelnen Fragestellung angesprochen fühlen, ist sie vielleicht dennoch aufgrund ihrer grundsätzlichen Problematik von Interesse.

8.1 VERGLEICHBARKEIT VON MESSERGEBNISSEN VERSCHIEDENE KALIBRIERUNGEN UNTEREINANDER

Mittlerweile gibt es immer häufiger die Notwendigkeit, Messwerte direkt miteinander zu vergleichen. Im Rahmen von internationalen Vergleichen, von Qualitätsaudits, von Ringvergleichen oder internen Verifikationsmessungen treten entsprechende Forderungen auf.

Früher ist man hingegangen und hat zunächst eine Referenzmessung durchgeführt, welche man als das Maß aller Dinge angesehen hat. Dann hat man die gleiche Messung zum Beispiel von einem zu auditierenden Labor erneut durchführen lassen. Erzielte dieses Labor Ergebnisse, welche mit einer gewissen „Toleranz" das Referenzergebnis trafen, sprach man davon, dass das Referenzergebnis bestätigt werden konnte und der Proband gut gearbeitet hat.

Aus diesem Ansatz spricht eine gewisse Arroganz. Mittlerweile hat sich ja – spätestens seit dem GUM – und seit internationalen Vergleichen auf dem Niveau relativ gleichwertiger Staatsinstitute ein anderes Denken manifestiert. Man betrachtet die Probanden als gleichwertige Partner. Demnach muss man also auch zugestehen, dass das eigene Messergebnis, welches als Referenz genommen werden soll, mit einer Messunsicherheit behaftet ist. Also musste man nun ein Kriterium finden, welches dieser Anforderung Rechnung trägt. Mit dem NORMALIZED ERROR RATIO – oder kurz E_N – wurde ein entsprechendes Kriterium definiert, welches im Rahmen von direkten Vergleichsmessungen oder Ringvergleichen neben der absoluten Messabweichung als die maßgebliche Kenngröße betrachtet wird:

Man findet anstatt E_N auch gelegentlich die Formelzeichen *ENR* oder auch seltener *NER* für diese Kenngröße. Auf beide Werte sollte man zu Gunsten von E_N verzichten.

8 BESONDERE AUFGABEN

8.1.1 E_N – Normalized Error Ratio

Das Normalized Error Ratio ist eine Verhältnisgröße, welche ausdrücken soll, in welchem Verhältnis der Abstand zweier unabhängiger Messwerte zur kombinierten Messunsicherheit der beiden Messwerte steht. Daher ist diese Größe ein gutes Mittel – gerade bei unkorrelierten Größen – um eine Aussage über die Zuverlässigkeit von Ergebnissen zu treffen. Zunächst bildet man die kombinierte Messunsicherheit, welche sich aus den beiden zu vergleichenden Messunsicherheiten zusammensetzt. Anschließend bildet man die Differenz zwischen den beiden Messwerten und teilt diese Differenz durch die kombinierte Messunsicherheit:

$$E_N = \frac{M_{Labor} - M_{Referenz}}{\sqrt{U_{Labor}^2 + U_{Referenz}^2}}$$

Gleichung 8.1-1: Normalized Error Ratio

E_N: Normalized Error Ratio
M_{Labor}: Messwert des Probanden
$M_{Referenz}$: Referenzmesswert
U_{Labor}: Erweiterte Messunsicherheit, welche der Proband dem Messwert M_{Labor} zugeordnet hat
$U_{Referenz}$: Erweiterte Messunsicherheit, mit der vom Projektlabor der Messwert $M_{Referenz}$ ermittelt wurde

Damit diese Vergleichsgröße eine vernünftige Aussagekraft erhält, müssen einige Voraussetzungen erfüllt sein:

- Die Vergleichbarkeit der Messergebnisse muss sichergestellt sein (gleicher Prüfling, enger zeitlicher Zusammenhang, etc.).

  ANMERKUNG: Man kann die Messgröße auch bewusst zur Bewertung von Driften benutzen, indem Messungen des gleichen Labors – zum Beispiel im Abstand von einem Jahr – miteinander verglichen werden.

- Die Messwerte sollten nicht korreliert sein.

  Bei Messungen verschiedener Labore ist dies in der Regel gewährleistet. Auch wenn beide Labore ihre Messungen auf das gleiche Normal zurückführen ist in der Regel die Korrelation zwischen den Ergebnissen derart gering, dass man sie vernachlässigen kann.

- Die zu vergleichenden Messwerte sollten das gleiche Vertrauensniveau aufweisen. Gegebenenfalls muss man hier entsprechende Anpassungen vornehmen. Es macht keinen Sinn, die Vergleichsgröße E_N zu ermitteln, wenn ein Messergebnis mit $k_{0,95} = 2$ angegeben wurde und ein anderes mit $k_{0,99} = 3$.

Messwerte im Bereich von ±0,5 liegen nahe genug beieinander, um sagen zu können, dass ein Labor die Ergebnisse des anderen Labors bestätigt hat. Liegt die Kenngröße im Bereich ±1 müssen die Ergebnisse oder die Angabe der jeweiligen erweiterten Messunsicherheit hinterfragt werden, weil keine statistisch gesicherte Bestätigung des Messwertes vorliegt (Hierbei müssen wir bedenken, dass wir im Allgemeinen die bereits um $k = 2$ erweiterten Messunsicherheiten miteinander vergleichen). Bei Werten jenseits ±1 liegen die Ergebnisse so weit auseinander, dass von einer Bestätigung des Ergebnisses nicht mehr geredet werden kann. Dann gilt die Aussage: „*Mindestens einer hat falsch gemessen*".

8.1.2 Direkter Vergleich

Direkte Vergleiche von Messergebnissen sind in der Praxis recht gebräuchlich. Dies können hausinterne, wie auch externe Vergleiche sein. In diesem Kapitel betrachten wir zunächst den direkten Vergleich von wenigen Messungen (in der Regel lediglich zwei: Referenz ↔ Proband). Die Vergleichbarkeit der Ergebnisse muss sichergestellt werden, indem vor dem Vergleich die Messbedingungen und notwendigen, sonstigen Rahmenbedingungen definiert sein sollten. Es müssen also → Wiederholbedingungen gegeben sein.

So sollte man zum Beispiel festlegen:
- Referenztemperatur bei Längenmessungen
- Alle Einflüsse, welche bei der Definition von Wiederholbedingungen eine Rolle spielen.

Des Weiteren sollte man die zeitlichen und räumlichen Zusammenhänge zwischen den Messungen nicht außer Acht lassen. Verstreicht zu viel Zeit zwischen den einzelnen Messungen, muss man sich sicher sein, dass der Prüfling zwischenzeitlich keiner nennenswerten Drift unterliegt.

Auch sollte selbstverständlich sein, dass der Vergleich der Messergebnisse nur dann Sinn macht, wenn man vollständige Messergebnisse – also inklusive der zugeordneten Messunsicherheit – miteinander vergleicht. Weiterhin ist zu definieren, wie der Vergleich der Ergebnisse durchgeführt werden soll. Als objektivstes Kriterium gilt der soeben vorgestellte E_N-Wert.

Da gerade bei abweichenden Ergebnissen der Streit in vielen Fällen vorprogrammiert ist, sollten die Messergebnisse vollständig dokumentiert sein. Prinzipiell muss man bei Abweichungen zwischen den Ergebnissen zunächst davon ausgehen, dass der Proband wie auch das Projektlabor bestrebt ist, mit gleicher Sorgfalt ein Ergebnis zu erzielen. Es gilt bei Vergleichen immer der Grundsatz, dass gleichberechtigte Partner betrachtet werden; ganz gleich ob der eine das nationale Normal hat und der andere bemüht ist, eine Akkreditierung mit einer Messgröße zu erreichen, oder ob zwei Wirtschaftsunternehmen Messanordnungen aufeinander einstellen wollen.

8.2 Ringvergleiche

Ringvergleiche sind Vergleiche, bei denen die Messergebnisse verschiedener Labore miteinander verglichen werden. Hierzu wird ein REISENORMAL als Prüfling von Labor zu Labor nach einem festzulegenden Schema und Zeitplan weitergegeben. In der Regel nehmen mindestens drei Labore an einem solchen Vergleich teil. Durch die größere Anzahl teilnehmender Labore stellen sich zusätzliche Probleme bei der Durchführung und der Behandlung der Messergebnisse.

Ringvergleiche führt man zum Beispiel auf internationaler Ebene zur Feststellung der Leistungsfähigkeit verschiedener Staatsinstitute durch. Sie dienen neben dem Qualitätsmanagement auch zum Angleichen von Messanordnungen und zur Erlangung von Kenntnissen über Messverfahren. Im nationalen Rahmen führt man Ringvergleiche – zum Beispiel im Rahmen des Deutschen Kalibrierdienstes – durch, um die Leistungsfähigkeit akkreditierter Labore zu überwachen.

Wir schlagen Ringvergleiche neben den hier aufgeführten Einsatzschwerpunkten auch und gerade für innerbetriebliche Qualitätsmanagement- und Überprüfungsaufgaben vor. So kann man zum Beispiel identische Messplätze in verschiedenen Kundendienstzentren auf ein gleiches Niveau bringen und Ausreißer erkennen. Zudem kann man die Ergebnisse von Ringvergleichen als Leistungsnachweis im Rahmen von Qualitätsaudits betrachten, wodurch ein individuelles, messtechnisches Prüfen entfallen kann. Es ist nicht selten, dass sich während der Laufzeit des Vergleichs ein Prüfling ändert und die Ergebnisse zum Ende des Vergleichs nicht unbedingt mit denen zu Beginn zu vergleichen sind.

Für die Vorbereitung von Ringvergleichen gelten zunächst die gleichen Kriterien, wie für bilaterale Vergleiche. Je mehr Labore an einem Vergleich teilnehmen, desto mehr Fragen werden auftreten. Deshalb ist der Formulierung der Aufgabenstellung und der Rahmenbedingungen der Messung besondere Sorgfalt zu widmen. Auch wenn keine Rahmenbedingungen definiert werden sollten, wie zum Beispiel: „Die Messmethode ist den beteiligten Laboren freigestellt.", ist dies zu vermerken.

Neben den Kriterien des direkten Vergleichs kommen zudem weitere Punkte, welche zu beachten sind. Diese klingen in ihrer Mehrheit recht trivial, aber die Praxis hat gezeigt, dass derartige „Kleinigkeiten" häufig übersehen werden:

- Das Projektlabor sollte in der Lage sein, selber Referenzmessungen mit geringer Messunsicherheit durchzuführen.
- Das Projektlabor muss ständige Kontrolle über den Verbleib des Reisenormals haben.
- Die Funktionalität und Maßhaltigkeit des Reisenormals sollte in regelmäßigen Abständen geprüft werden. Bei dem notwendigen Aufwand bei der Durchführung eines Ringvergleichs (in der Regel deutlich mehr als 100 Stunden alleine beim Projektlabor) wäre es eine Katastrophe, wenn am Ende bei der Auswertung festgestellt werden müsste, dass man aufgrund von Gerätemängeln keine zuverlässigen Messwerte vorliegen hat.
- Jedem Labor ist ausreichend Zeit zur Messung einzuräumen. Bei der zeitlichen Kalkulation sind die Versandwege mit zu berücksichtigen. Die Auswertungen der Messungen können gegebenenfalls auch dann noch durchgeführt werden, nachdem das Normal bereits auf dem Wege zum nächsten teilnehmenden Labor ist.
- Bearbeitungszeiträume sind mit den beteiligten Laboren abzustimmen. Nichts ist schlimmer, als wenn ein Labor aufgrund von Personalknappheit (Krankheit, Urlaub) oder aufgrund eigener Rekalibrierungs- und Wartungsarbeiten nicht in der Lage sein sollte, den Messauftrag im vorgegebenen Zeitfenster zu erfüllen.
- Der Zeitplan muss flexibel gestaltet sein, um dann auch auf nicht vorhersehbare, zeitliche Verschiebungen reagieren zu können. Laborausfälle sind bei Ringvergleichen nicht so selten, wie man vielleicht annehmen möchte. Insbesondere dann nicht, wenn Labore – zum Beispiel auf Grund einer Akkreditierung – zur Teilnahme verpflichtet sind!

    ANMERKUNG: Wir haben auch schon erlebt, dass Labore während der Osterzeit, über Weihnachten/Neujahr oder während der Betriebsferien eingeplant worden sind.

- Auch wenn man den Laboren genügend Zeit einräumt, ist doch darauf zu achten, dass nicht zu viel Zeit im gesamten Zyklus verstreicht, um zeitliche Invarianzen des Reisenormals klein zu halten.
- Die zu erwartende Datenflut sollte nicht unterschätzt werden. Möchte man ein umfassendes Bild über die Messmöglichkeiten der Labore haben, geht der Trend dahin, möglichst umfassende Ergebnisse zu erzielen. Zu beachten ist aber, dass man diese Datenflut mit der Anzahl der Teilnehmer multiplizieren muss. Anschließend muss man jeden einzelnen, definierten Messpunkt zum einen individuell und zum anderen im kausalen Zusammenhang mit der Gesamtmessung betrachten, um systematische Abweichungen bewerten zu können.

- Man erspart sich viel Arbeit, wenn man von vorne herein festlegt in welcher Art und Weise die Abgabe der Ergebnisse erfolgen soll. wir schlagen vor, die Ergebnisse der Ringvergleiche in der Form einer üblichen Kalibrierung zu verlangen. Das heißt, die Ergebnisse sollen auf einem Kalibrierschein weitergegeben werden. Zudem erleichtert die elektronische Weitergabe der Daten in einer vorgegebenen Form (zum Beispiel Microsoft Excel) die Auswertung.

  Der Kalibrierschein zeigt, ob das Labor in der Lage ist, seine Messungen zufriedenstellend zu dokumentieren und das Kalkulationsblatt erleichtert die Auswertung und Datenerfassung.

- Kontrolliere Messergebnisse bei der Erfassung mehrfach. Es wäre peinlich, wenn ein Labor gute Messergebnisse hat, aber aufgrund eines Tippfehlers bei der Auswertung dieses Ergebnis zu Unrecht diskreditiert wird.

- Eine Absprache und ein Vergleichen der Messergebnisse der Teilnehmer untereinander wird in der Regel erkannt. Es sollte jedoch auf eine gewisse Abschottung der Teilnehmer gegeneinander geachtet werden.

9 Definitionen und Glossar

Die Begriffe, welche einen Querverweis zum VIM, zu Normen oder zu DKD-Schriften haben, wurden in der Mehrzahl wörtlich zitiert. Im Zweifelsfalle ist auf die aufgeführte Originalliteratur zurückgegriffen werden.

♦ FORMELZEICHEN ♦

FORMELZEICHEN, WELCHE ALS EINHEITSZEICHEN GÄNGIGER SI-EINHEITEN IN GEBRAUCH SIND (BEISPIEL K FÜR KELVIN), WERDEN HIER NICHT EXPLIZIT AUFGEFÜHRT. BEI BEDARF IST DIE DIN EN ISO 1319 ZU NUTZEN.

[1] **1s-Abweichung:** Gängige Bezeichnung für die → empirische Standardabweichung mit einer Überdeckung von annähernd 66,7% aller Messwerte.

[2] δ Unbekannte (statistische) Messabweichung. Auch als allgemeiner Platzhalter für Messunsicherheitsbeiträge in Modellgleichungen.

[3] Δ: Bekannte (systematische) und daher zumeist korrigierbare Messabweichung oder Differenz.

[4] μ → Erwartungswert (einer Funktion). Funktionsbegriff entsprechend dem Mittelwert einer Reihe.

[5] $\rho(x)$: → Dichtefunktion.

[6] $\rho(x,y)$: Normierte → Kovarianz der beiden Größen x und y.

[7] $\sigma(x)$: → empirische Standardabweichung (einer Funktion oder Reihe).

[8] $\sigma^2(x)$: → Varianz (einer Funktion oder Reihe).

[9] $\nu(x)$: → Freiheitsgrad (einer Einflussgröße, oder eines Ergebnisses).

[10] Ξ Wird bei uns genutzt, um die → Messunsicherheitsbeiträge (→ Varianzen) einer Einflussgröße darzustellen.

[11] Ψ. Wird bei uns genutzt, um die → Messunsicherheitsbeiträge zwischen verschiedenen Einflussgrößen (→ Kovarianzen) darzustellen.

[12] $\pm a/2$: Grenzen des Vertrauensintervalls der einfachen Varianz.

[13] A: Einfügedämpfung [engl.: Attenuation]. Wird hier in einigen Beispielen verwendet.

[14] c: → Sensitivitätskoeffizient im Rahmen der Berücksichtigung eines Messunsicherheitsbeitrags im Messunsicherheitsbudget. Auch als Formelzeichen der Lichtgeschwindigkeit.

[15] E: Erwartungswert (einer Funktion). Wir verwenden hierzu zumeist das Formelzeichen → μ..

[16] E_N: → Normalized Error Ratio. Gelegentlich auch *ENR* oder seltener *NER*.

[17] G: → Gewichtungsfaktor einer → Dichtefunktion.

[18] k: Notwendiger → Erweiterungsfaktor (auch Erweiterungsfaktor), um ein gewünschtes → Vertrauensniveau S_S zu erreichen. Gelegentlich wird der Faktor auch mit Index dargestellt, um anzudeuten, welches Vertrauensniveau durch die Erweiterung erreicht wird.

[19] M: Messwert, allgemein.

[20] n: Anzahl aufgenommener Messwerte; allgemeine Laufvariable.

[21] NER: → Normalized Error Ratio. Das Formelzeichen E_N sollte für diese Größe bevorzugt benutzt werden.

[22] $s(x)$: → Empirische Standardabweichung. Wir nutzen σ.

[23] S_S: → Vertrauensniveau.

[24] u: → (Standard)Messunsicherheit. In der Verwendung bei Messunsicherheitsbeiträgen, wie auch bei Zwischenergebnissen.

[25] U: → Erweiterte Messunsicherheit mit absolutem → Größenwert. In der Verwendung als Ergebnis eines Messunsicherheitsbudgets.
Beispiel: $M = 10,0 \pm 0,1$. Hierin steht $U = 0,1$ für die erweiterte Messunsicherheit. In der Ergebnisgleichung wird $\pm U$ dargestellt.

[26] w: Relative → Messunsicherheit. In der Verwendung bei Messunsicherheitsbeiträgen, wie auch bei Zwischenergebnissen.

[27] W: → Erweiterte, relative Messunsicherheit. In der Verwendung als Ergebnis eines Messunsicherheitsbudgets oder als Einflussgröße, wenn diese im Rahmen anderer Budgets ermittelt wurde.
Beispiel: $M = 10,0 \cdot (1 \pm 0,01)$. Hierin steht $W = (1 \pm 0,01)$ für die erweiterte, relative Messunsicherheit. In der Ergebnisgleichung wird $(1 \pm W)$ dargestellt.

♦ A, Ä ♦

[28] **Ablesung**: Ein direkt von einer Anzeige ermittelter Wert. Eine Ablesung kann auch das Ergebnis einer Zählung sein.

Ablesungen sind in keiner Weise mathematisch weiter behandelt.

Beispiel: Eine Ablesung wäre 4 Digits, oder 4 Volt. Unter Verwendung eines Shunts könnte man hieraus direkt über die Beziehung $I = U/R$ den Strom ermitteln. Nach der Umrechnung in den Stromwert spricht man nicht mehr von einer Ablesung, sondern von einer → Beobachtung.

[29] **Abweichungsmessung**: Die Abweichungsmessung ist ein Sonderfall der → Differenz-, der → Vergleichs- oder auch der → Ausschlagsmessung. Bei der Abweichungsmessung wird der Vergleichswert fest eingestellt und messgeräteintern abgebildet.

[30] **Adjustment of a measuring instrument:** [engl.] → Justieren.
→ VIM 4.30

[31] **Akkreditierung**: ...ist eine Maßnahme, durch die eine autorisierte Stelle (die Akkreditierungsstelle) die Kompetenz eines Prüf- oder Kalibrierlaboratoriums oder einer Zertifizierungsstelle formell anerkennt und

9 — Definitionen und Glossar

(32) Anzeige (eines Messgerätes): [engl.: indication (of a measuring instrument)] Durch ein Messgerät zur Verfügung gestellter Wert einer Größe.

→ VIM 2.6

(33) Arbeitsnormal:
→ Gebrauchsnormal.

(34) Arithmetischer Mittelwert: (bei uns benutztes Formelzeichen: μ, Summe der beobachteten Werte dividiert durch deren Anzahl):

$$\mu = \frac{1}{n} \sum_{i=1}^{n} x_i$$

...mit x_i für die Messwerte und n für die Anzahl der Messwerte.

(35) Ausgangsgröße: Ergebnis eines Messunsicherheitsbudgets oder einer Berechnung (eines Ergebnisses).

(36) Ausreißer: Einzelnes Messergebnis innerhalb einer Reihe, welches mit hoher Wahrscheinlichkeit auf einer Fehlmessung beruht und daher keine Berücksichtigung in einer statistischen Auswertung finden sollte.

(37) Ausschlagsmessung: Die Messmethode wird fast überwiegend von analog anzeigenden Messmitteln, wie Multimeter, Manometer, Federthermometer, u.ä. repräsentiert. Das Anlegen einer Messgröße ruft einen Zeigerausschlag hervor, welcher direkt abgelesen werden kann. Das Messmittel fungiert als Normal. Die Anzeige ist in der Regel kontinuierlich.

◆ **B** ◆

(38) Beobachtung: Das Ergebnis einer Beobachtung ist in der Regel eine physikalische Größe mit Zahlenwert und Einheit. Beobachtungen werden aus → Ablesungen gewonnen und können mit diesen gleichbedeutend sein.

(39) Berichtigtes Messergebnis: [engl.: corrected result] Messergebnis nach Berichtigung hinsichtlich der systematischen Messabweichung.

$$x = x_{\text{Anzeige}} + x_{\text{Korr}}$$

→ VIM 3.4

(40) Bezogene Messabweichung: Messabweichung eines Messgerätes, dividiert durch einen für das Messgerät festgelegten Bezugswert.

$$\sigma^2 = \int_{-\infty}^{\infty} x^2 \cdot \rho(x) dx - \mu^2$$

→ VIM 5.28

(41) Bezugsnormal: [engl.: reference standard] → Normal, im Allgemeinen von der höchsten an einem betrachteten Ort verfügbaren Genauigkeit, von dem an diesem Ort vorgenomme Messungen abgeleitet werden.

→ VIM 6.08

Ein Bezugsnormal kann ein Messgerät, eine Messeinrichtung oder eine Maßverkörperung sein. Begriffe, wie „Hauptnormal" waren gebräuchlich, sollten jedoch nicht mehr verwendet werden.

Bezugsnormale können auch auf Organisationen oder Firmen bezogen sein (Beispiel: Das Bezugsnormal der Firma XYZ wird in ABC aufbewahrt).

Auch: → Primärnormal.

(42) Bit: Abkürzung für [engl.:] **B**inary D**i**gi**t**. Kleinstmögliche Informationseinheit mit den Zuständen [Wahr]/[Falsch], oder [0]/[1], oder [An]/[Aus], etc.

◆ **C** ◆

(43) Calibration: [engl.] → Kalibrierung.

→ VIM 6.13

(44) Corrected result: → Berichtigtes Messergebnis.

→ VIM 3.4

(45) Correction: → Korrektur.

→VIM 3.15

(46) Correction factor: → Korrektionsfaktor.

→ VIM 3.16

◆ **D** ◆

(47) Deviation: [engl.] → Messabweichung.

→ VIM 3.10

(48) Device Under Test: [engl.] Prüfling. Geläufig ist auch UUT für [engl.] Unit Under Test.

(49) Dichtefunktion: → Funktionaler Zusammenhang, welcher aus der empirisch emittelten Häufigkeit des Auftretens eines Messwertes die Wahrscheinlichkeit des Auftretens des Messwertes darstellt. Es können auch vermutete Dichtefunktionen einer → Mess- oder → Einflussgröße zugeordnet werden.

(50) Differenzmessung: Bei der Differenzmessung gilt es, die Abweichung einer Messgröße zu einem Normal oder zu einer Maßverkörperung zu bestimmen. Der als Normal zu nutzende Vergleichswert wird in der Regel außerhalb des Messgerätes zur Verfügung gestellt. Somit muss das Messmittel lediglich in einem kleineren Messintervall die Abweichung zwischen Messgröße und Normal ermitteln (Differenz).

(51) Dimension: (algebraisch): Anzahl der linear unabhängigen Parametern, in denen eine Größe variiert werden kann.

Beispiel: Ein Punkt hat die Dimension 0, weil er nicht variiert werden kann, eine Strecke die Dimension 1, eine Ebene die Dimension 2 und der uns umgebene Raum die Dimension 3.

(messtechnisch/physikalisch): Physikalische Maßeinheit, in welcher ein Größenwert definiert ist.

(52) Direkte Messung: Ein Messergebnis wird ermittelt, indem ein Messmittel die Messgröße direkt vermisst. Hierbei ist ein internes Umsetzen der Messgröße in eine Hilfsgröße erlaubt (Messgrößen werden oftmals zunächst in eine elektronische Repräsentationsgröße umgesetzt). Ausschlaggebend für die Charakterisierung einer Direktmessung ist jedoch, dass die indizierte Größe (Ablesewert) letztendlich die gleiche Di-

Definitionen und Glossar

mension aufweist, wie die Messgröße.

(53) Distribution: Die D. wird gelegentlich noch im gleichen mathematischen Sinne wie die → Varianz benutzt und von einigen Mathematikern bevorzugt. Das Formelzeichen der Varianz ist DX und wird uns nicht verwendet.

(54) Drift: Eigenart eines Messmittels oder einer Maßverkörperung, seine messtechniscnen Eigenschaften in Abhängigkeit von Umweltparametern oder der Zeit zu ändern.

(55) DUT: → Device Under Test.

(56) Dynamische Kenngröße: Jegliches Zeitverhalten eines Messmittels wird als dynamisch bezeichnet, wenn sich in Abhängigkeit der Änderung einer Einflussgröße eine Änderung einer Ausgangsgröße ergibt. Die beschreibenden Parameter werden dynamische Kenngrößen genannt.

→ Kenngröße

(57) Eichen: Gesetzlich geregeltes Messwesen im allgemeinen Interesse des Staates und seiner Bürger. Überall, wo im Handel das Messen die Grundlage der Preisfestsetzung ist, ist ein geregeltes Messwesen von Bedeutung. Weitere Punkte im staatlichen Interesse sind die Umweltmesstechnik (Emissionsmessungen, Immissionsmessungen) und der Straßenverkehr (Geschwindigkeitsüberwachung), Gesundheits- und Arbeitsschutz, sowie der Strahlenschutz.

(58) Eichpflicht: Durch die Eichpflicht soll sichergestellt werden, dass die im Bereich des Eichwesens eingesetzten Messmittel korrekt anzeigen.

(59) Einflussgröße: Größe, welche nicht die Messgröße ist, aber das Ergebnis einer Messung beeinflusst.

→ nach VIM 4.1.2

Einflussgrößen können gewollt sein, wie zum Beispiel Korrekturen, oder ungewollt, wie bei Messunsicherheitseinflüssen.

Einflussgrößen erscheinen in der Prozessgleichung bereits als gewollte Größen.

Gelegentlich findet man auch den Begriff Eingangsgröße in sinngemäßer Anwendung.

(60) Eingangsgröße: → Einflussgröße.

(61) Einheit: Durch Vereinbarung festgelegte, spezielle Größe, mit der andere Größen gleicher Art verglichen werden, um das Verhältnis zu dieser Größe auszudrücken.

→ VIM 1.7

(62) Einstellen: [engl.: user adjustment] Justierung eines Messmittels unter alleiniger Verwendung von Möglichkeiten, welche dem Anwender – ohne Eingriff in das Gerät vornehmen zu müssen – zur Verfügung stehen.

→ VIM 4.31

Hierunter fallen z.B. die Nullpunktkorrektur an analogen Anzeigen, oder das Verschieben von Tara-Gewichten an Balkenwaagen. Einstellungen, bei denen ein Aufschrauben des Gerätes notwendig sind, fallen nicht unter „Einstellungen", sondern sind → Justierungen. Ebenso gehört hierzu der Abgleich von Maßverkörperungen.

(63) Empirische Standardabweichung: [engl.: experimental standard deviation] Kenngröße für eine Reihe von n Messungen derselben Messgröße, welche die Streuung der Ergebnisse charakterisiert.

$$\sigma = \sqrt{\frac{n\sum_{i=1}^{n} x_i^2 - \left(\sum_{i=1}^{n} x_i\right)^2}{n(n-1)}}$$

→ VIM 2.3.2

...mit σ für die Standardabweichung, x_i für die Messwerte und n für die Anzahl der Messwerte.

(64) E_N: → Normalized Error Ratio.

(65) Entropie: Maß zur Quantifizierung einer → Information. Die Entropie gibt an, wie viele Informationsbausteine (→ Bit) benötigt werden, um eine Größe eindeutig zu beschreiben. Die Entropie der Größe x ist gegeben durch:

$$E(x) = \frac{\ln(X)}{\ln(2)}$$

(66) Ermittlungsmethode A: Methode, bei welcher die Standardmessunsicherheit aus der statistischen Analyse einer Rreihe gewonnen wird.

→ VIM 2.3.2

(67) Ermittlungsmethode B: Methode, bei welcher die Standardmessunsicherheit nicht aus der statistischen Analyse einer Reihe, sondern aus anderen Schätzungen gewonnen wird.

→ VIM 2.3.3

(68) Erwartungswert: Der Erwartungswert, μ, entspricht bei Funktionen dem arithmetischen Mittelwert einer Messreihe:

$$\mu(x) = E(x) = \int_{-\infty}^{\infty} x \cdot \rho(x) dx$$

...mit $\mu(x)$ für den Erwartungswert und $\rho(x)$ für die Wahrscheinlichkeitsverteilung.

(69) Erweiterte Vergleichspräzision (von Messergebnissen): [engl.: reproducibility (of results of measurements)] Ausmaß der gegenseitigen Annäherung zwischen Messergebnissen derselben Messgröße, gewonnen unter veränderten Messbedingungen.

→VIM 3.7

Nicht zu verwechseln mit der → Wiederholpräzision, welche unter gleichbleibenden Messbedingungen ermittelt wird. Besondere Sorgfalt ist bei den englischen Bezeichnungen geboten. Für die Wiederholpräzision wird der Begriff „repeatability" anstatt „reproducibility" verwendet.

(70) Erweiterungsfaktor: Formelzeichen k. Notwendiger Faktor, welcher zu einer ermittelten Messunsicherheit multipliziert wird, um ein gewünschtes Vertrauensniveau S_S der → erweiterten Messunsicherheit zu erreichen.

Bemerkung: Gelegentlich wird auch sinngleich der Begriff Erweiterungsfaktor benutzt.

(71) Evaluation: [engl.] → Evaluierung.

(72) Evaluierung: Das Wort Evaluierung steht für die aus dem englischen übernommene Bezeichnung der Bewertung (to evaluate) und für die Anstrengung, Maßnahmen unterschiedlichster Art (Geräte, Modellprojekte, Programme, Verfahren, Methoden, usw.) hinsichtlich ihrer Wirkung zu untersuchen und zu bewerten. Maßnahmen, bei denen man seine eigene Arbeit nach festgelegten Gesichtspunkten überprüft, nennt man Selbstevaluierung.

Die Aussagekraft von Selbstevaluierungen ist im Allgemeinen gering.

(73) Experimental standard deviation: [engl.] → Empirische Standardabweichung.

→ VIM.3.8

(74) Faltung: eine Faltung ist – vereinfacht gesprochen – die mehrfach hintereinander ausgeführte Anwendung einer Funktion auf eine Ursprungsdatenmenge. Es gilt:

$$f(x) = g(x) \otimes g(x) = (g \otimes g)(x)$$

(75) Fehler: Wir alle machen Fehler. Messergebnisse hingegen sind mit → Messunsicherheiten behaftet. Im Bereich des Messwesens sollten sie den Begriff „Fehler" aus ihrem Sprachschatz streichen.

(76) Fehlerfortpflanzung: Aus der Betrachtung, wie sich Einflüsse auf ein Ergebnis auswirken, wurde von Carl-Friedrich Gauß die „Fehlerfortpflanzung" entwickelt.

$$\Delta f = \sqrt{\sum_{i=1}^{n}\left(\frac{\partial f}{\partial x_i} \cdot \Delta x_i\right)^2}$$

...mit: Δf für die Messunsicherheit (damals noch: Fehler); Δx für die einzelnen, zu berücksichtigenden Beiträge; $\partial f / \partial x_i$ für die partiellen Ableitung der Funktionsgleichung $f(x_1, x_2, ... x_n)$ nach den einzelnen Einflussgrößen x_i.

Diese Methode wurde durch die Betrachtung der Messunsicherheitsbestimmung nach GUM abgelöst/ergänzt und ist heute nicht mehr zulässig.

(77) Freiheitsgrad: Formelzeichen v. Der Freiheitsgrad einer Datenmenge ist gleich der Anzahl der einzelnen Elemente dieser Menge, abzüglich der Anzahl der hieraus gewonnenen Informationen. Der Freiheitsgrad einer Größe gibt an, wie viele unabhängige Variablen man dieser Größe zuordnen kann, oder anders ausgedrückt, wie viele Parameter man noch definieren muss, um diese Größe komplett festzulegen. Man kann den Freiheitsgrad eines Ergebnisses in Abhängigkeit seiner Einflussgrößen über folgende Beziehung nach Welch-Satterthwaite abschätzen:

$$v = \frac{u^4}{\sum_{i=1}^{N}\frac{u_i^4(y_i)}{v_i}}$$

...mit N für die Anzahl der berücksichtigten Unsicherheitsbeiträge, u_i für den jeweiligen Unsicherheitsbeitrag im Messunsicherheitsbudget, v für den Freiheitsgrad des jeweiligen Unsicherheitsbeitrages, u (ohne Index) für die berechnete Messunsicherheit des Ergebnisses, ohne Erweiterungsfaktor.

BEISPIEL: Wird eine Messreihe von fünf Punkten durch eine Gerade beschrieben, hat die Datenmenge den Freiheitsgrad $v = 3$, denn die beschreibende Gerade wird durch zwei Informationen (zum Beispiel $y = a_1 \cdot x + a_2$) eindeutig bestimmt. Beschreibt man die gleiche Reihe durch ein Polynom zweiter Ordnung in der Form $a_2 \cdot x_2 + a_1 \cdot x + a_0$ mit drei Variablen a_i, so hätte die Reihe nur noch den Freiheitsgrad 2.

(78) Gebrauchsnormal: [working standard] → Normal, das im Allgemeinen mit einem Bezugsnormal kalibriert ist und routinemäßig benutzt wird, um Maßverkörperungen oder Messgeräte zu kalibrieren oder zu prüfen.

(79) Geometrisches Mittel: Mittelwert einer Reihe, welcher sich über die folgende Produktbeziehung definieren lässt und eine Gewichtung der Messwert vornimmt:

$$\mu_{geom.} = \sqrt[n]{\prod_{i=1}^{n} x_i}$$

Je weiter ein Messwert vom geometrischen Mittelwert μ_{geom} entfernt ist, desto stärker geht er in das Ergebnis ein.

(80) Gewichtungsfaktor: (Bei uns mit Formelzeichen G) legt fest, wie im Messunsicherheitsbudget eine → Einflussgröße zu bewerten ist. G ist abhängig von der angenommenen → Verteilung, die einem Messunsicherheitsbeitrag zugeordnet wird.

(81) Glockenkurve:
→ Normalverteilung.

(82) Größenwert: Spezielle Größe, dargestellt als Produkt aus Zahl und Einheit.

(83) GUM: →Guide To the Expression of Uncertainty In Measurements.

(84) Guide To the Expression of Uncertainty In Measurements: [engl., Abk.: GUM] Heute allgemein anerkanntes Verfahren zur Angabe von Messunsicherheiten zu Messungen. Basis hierzu ist folgende Bestimmungsgleichung, welche eine Modifikation des → Fehlerfortpflanzungsgesetz von Gauß darstellt:

$$U_K = k \cdot \sqrt{\sum_{i=1}^{n} G_i (c_i \cdot u_i)^2}$$

...mit U_k für die erweiterte Messunsicherheit, k für den → Erweiterungsfaktor, G_i für die → Gewichtungsfaktoren, c_i für die → Sensitivitätskoeffizienten und u_i für die → Messunsicherheitsbeiträge.

(85) Häufigkeitsverteilung: Bestimmbare Darstellung, welchen Wert eine Messgröße bei Mehrfachmessung unter Wiederholbedingungen

DEFINITIONEN UND GLOSSAR

annimmt. Im Gegensatz zur → Wahrscheinlichkeitsverteilung ist die Häufigkeitsverteilung quantifizierbar. Die Wahrscheinlichkeitsverteilung entspricht dann der auf der Erfahrung der Häufigkeitsverteilung gemachten, postulierten Annahme über die „wahrscheinlichste" Verteilung, welche eine Größe aufweist.

(86) **Indication of a measuring device:** [engl.] → Anzeige eines Messgerätes.

→ VIM 2.6

(87) **Information:** Verringerung des Wissensdefizits um einen Sachverhalt. Als Maß zur Quantifizierung der Information kann man die → Entropie nehmen.

(88) **Indirekte Messung:** → Messprinzip, bei welcher die Messgröße auf dem Weg über eine Zwischengröße ermittelt wird.

(89) **International measurement standard:** [engl.] → Internationales Normal.

→ VIM 6.2

(90) **Internationales Normal:** [engl.: international measurement standard] → Normal, das durch ein internationales Abkommen als Basis zur Festlegung der Werte aller anderen Normale der betreffenden Größe anerkannt ist.

→ VIM 6.2

(91) **Justieren (eines Messmittels):** [engl.: adjustment (of a measuring instrument)] Maßnahme, die ein Messinstrument in einen gebrauchsfähigen Arbeitszustand versetzt.

→ VIM 4.30

Justieren wird in der Regel so gesehen, dass ein Messmittel durch korrektive Maßnahmen, wie Änderungen von Potentiometereinstellungen, oder Massekorrekturen derart geändert wird, dass die Spezifikationen des Messmittels (bestmöglich) eingehalten werden. Erfolgt die Justierung ausschließlich unter Verwendung von Möglichkeiten, die dem Anwender zugänglich sind, nennt man dies → Einstellen.

(92) **Kalibrieren:** [engl.: calibration] Die Tätigkeiten, die unter vorgegebenen Bedingungen die gegenseitige Zuordnung zwischen den ausgegebenen Werten eines Messgerätes oder einer Messeinrichtung oder den von einer Maßverkörperung dargestellten Werten einerseits und den zugehörigen bekannten Werten einer Messgröße anderseits bestimmen.

→ VIM 6.13

Bemerkung: Durch Kalibrierungen können auch metrologische Zusammenhänge, wie Wirkungskennlinien, ermittelt werden.

(93) **Kalibrierschein:** [engl.: calibration certificate] Urkundliche Bestätigung und Darstellung der durch → Kalibrierungen gewonnenen Kenntnisse.

(94) **Kenngröße:** Kenngrößen werden einem Messmittel oder einer Maßverkörperung als Eigenschaft zugeordnet. Sie bestimmen das Verhalten des Messmittels. Kenngrößen werden in → statische und → dynamische Kenngrößen unterschieden. Statische Kenngrößen sind alle Eigenschaften, die ein Messmittel aufweist, wenn es im stabilen Zustand betrieben wird.

(95) **Kleinste angebbare Messunsicherheit:** Kleinste Messunsicherheit, die ein Laboratorium für eine spezifische Größe unter idealen Messbedingungen im Rahmen seiner Akkreditierung erreichen kann.

→ DKD3, Anhang B, B2

(96) **Kompensationsmethode**: Die Kompensationsmethode wird häufig auch als *Nullmessung* bezeichnet und ist bei energietragenden Messgrößen anwendbar. Das Messprinzip beruht auf der Kompensation einer Messkraft M (welche durch die Messgröße erzeugt wird) durch eine bekannte Gegenkraft, G, welche der Vergleichsgröße entspricht. Eine Regelung stellt ein Regelsignal zur Verfügung, welches genutzt wird, um die Gegenkraft in ihrer Größe einzustellen, so dass die Differenz zwischen beiden Kräften zu Null wird. Die Regelung kann auch manuell erfolgen.

(97) **Konformität:** Übereinstimmung mit spezifizierten Eigenschaften eines Produktes. Die Konformität wird im Rahmen von → Prüfungen ermittelt.

(98) **Kohärenz:** Ein Größen- oder Einheitensystem heißt kohärent, wenn es möglich ist, die verschiedenen vorkommenden Größen lediglich unter Verwendung des Skalierungsfaktors 1 miteinander zu Verknüpfung. Ein entsprechendes Maßsystem heißt: Kohärentes Maßsystem. Das → SI-System ist (weitgehenst) ein solches System kohärenter Größen.

(99) **Konfidenz (Niveau):** [engl.: Confidence Level] Begriff aus der Statistik. Der → Vertrauensbereich gibt an, mit welcher relativen Wahrscheinlichkeit ein Messwert innerhalb definierter Grenzen liegt.

→ VIM 3.15

(100) **Konventional richtiger Wert:** Aufgrund der jeweils zugrundeliegenden Vereinbarung (Konvention), einen gewissen Größenwert anstatt des unbekannten wahren Wertes zu benutzen, werden auch die Begriffe *Konventionell richtiger Wert* oder kurz: *Konventioneller Wert* verwendet.

Weitere gängige Bezeichnungen sind: Bester Schätzwert, Referenzwert (nicht zu verwechseln mit dem Referenzwert nach VIM 5.7), oder vereinbarter Wert.

(101) **Korrektion:** [engl.: correction] Algebraisch zum unberichtigten Messergebnis addierter Wert zum Ausgleich der → systematischen Messabweichung.

$$x_{Korr} + \Delta x = 0$$

→ VIM 3.15

(102) **Korrektionsfaktor:** [engl.: correction factor] Zahlenfaktor, mit dem das unberichtigte Messergebnis zum Ausgleich hinsichtlich der syste-

matischen Messabweichung multipliziert wird.

→ VIM 3.16

(103) **Korrelation**: Gegenseitige Beeinflussung zweier Variablen. Beeinflussen sich beide Variablen gleichsinnig (wächst Variable A, so auch Variable B) redet man von positiv korrelierten Größen. Bei gegensinnigem Verhalten spricht von negativer Korrelation. Unkorreliert sind die Variablen, sofern keine Zusammenhänge erkennbar sind.

(104) **Kovarianz**: Maß für die gegenseitige Abhängigkeit verschiedener Reihen voneinander. Definiert ist die Kovarianz über folgende Beziehung:

$$COV(\underline{X},\underline{Y}) = \frac{1}{n}\sum_{i=1}^{n}(x_i - \mu_x)\cdot(y_i - \mu_y)$$

Normiert man die Kovarianz, indem man durch das Produkt der Standardabweichungen der zu Grunde liegenden Reihen teilt, erhält man Werte zwischen -1 (negativ kovariant, oder kontravariant), über 0 (nicht miteinander korreliert/variant) bis hin zu $+1$ (vollständig korreliert):

$$\rho_{x,y} = COV_{Norm}(\underline{X},\underline{Y})$$

$$= \frac{1}{n}\frac{\sum_{i=1}^{n}(x_i - \mu_x)\cdot(y_i - \mu_y)}{\sigma_x \cdot \sigma_y}$$

◆ M ◆

(105) **Maßverkörperung**: Gegenstand, welcher eine zu messende Größe körperlich repräsentiert.

Gelegentlich rechnet man auch Gegenstände hinzu, deren elektrische Eigenschaft die Messgröße darstellt, wie zum Beispiel Widerstände, Kondensatoren oder Einfügedämpfungsglieder.

(106) **Maximale Messabweichung**: → Maximum Permissible Error.

(107) **Maximum Permissible Error**: [engl.] (kurz: MPE). Maximal zulässiger *Fehler* (oder besser: Maximal zulässige Messabweichung). Alternativ zu einer Messunsicherheitsangabe häufig zu findende Angabe in Herstellerspezifikationen. MPEs werden als Grenzwerte betrachtet.

MPE-Einflüsse werden im Messunsicherheitsbudget als Einflussgröße mit Rechteckverteilung und einem Vertrauensniveau von SS = 0,95 oder SS = 0,99 betrachtet. auf den von k = 2 abweichenden Sensitivitätskoeffizienten ist zu achten!

(108) **Median**: Auch Zentralwert oder *mittelster Mittelwert* genannt. Für eine nach der Größe geordnete(!) Reihe von n Zahlen ist der Median ein Zahlenwert welcher derart zu wählen ist, dass gleich viele Elemente der Reihe kleinere und größere Werte, als der Median haben. Bei einer ungeraden Zahl von Elementen (2n+1) ist das Element mit der Nummer n+1 der Median. Bei einer geraden Anzahl von Elementen (2n) liegt der Median in der Mitte zwischen den beiden mittleren Elementen n und n+1.

(109) **Messabweichung**: [engl.: deviation] Das Messergebnis minus einem wahren Wert der Messgröße.

$$\Delta x = x_{Anzeige} - x_{richtig}$$

→ Relative Messabweichung
→ VIM 3.10

(110) **Messanordnung**: Ausstattung aus Messgeräten, mit denen man eine physikalische Größe bestimmen kann. Das jeweilige Bezugsnormal ist nicht immer Bestandteil der Messanordnung, es kann jedoch auch durch ein kalibriertes Messgerät innerhalb der Messanordnung repräsentiert werden.

(111) **Messbedingungen**: Äußere Bedingungen, unter welchen eine Messung ausgeführt wird.

(112) **Messebene** [Eigene Definition]: Die Messebene ist der Punkt, an welchem die zu bestimmende Größe vom Prüfling bereitgestellt und von der Messanordnung abgegriffen wird.

Die Messebene muss nicht zwingend ein wohldefinierter Punkt in der Messanordnung sein (ist es aber meisten). Auch ein fiktiver Punkt kann die Messebene bilden.

Real existierende Messebenen wäre der Ausgangskonnektor eines Spannungsnormals, der Wägeteller einer Waage oder die Oberfläche eines Thermometers. Ein Beispiel einer fiktiven Messebene wäre der um den Luftauftrieb korrigierten Messwert einer Wägung.

(113) **Messergebnis**: [engl.: result of a measurement] Einer Messgröße zugeordneter, durch Messung gewonnener, Wert.

→ VIM 3.1

(114) **Messfeld**: Messfelder sind Messreihen, bei denen die Eingangsbedingungen in Abhängigkeit einer oder mehrerer Variablen variiert werden können. Messfelder werden zur Ermittlung des Zusammenhanges...

$$A = f(x_1, x_2, ..., x_n)$$

...benutzt. Das Ergebnis eines Messfelds kann auch ein Vektor sein. Die Übertragungsfunktion f kann auch durch eine Funktionsmatrix beschrieben sein.

(115) **Messgenauigkeit**: [engl.: accuracy of a measurement] Ausmaß der Übereinstimmung zwischen → Messergebnis und dem → wahren Wert der Messgröße.

→ VIM 3.5

(116) **Messgröße**: [engl.: measurand] Spezielle Größe, die Gegenstand einer Messung ist.

→ VIM 2.6

(117) **Messmethode**: [engl.: method of measurement] Allgemeine Beschreibung der logischen Abfolge von Handlungen zur Durchführung von Messungen.

→ VIM 2.4

(118) **Messobjekt**: Das Messobjekt ist der Träger der Messgröße.

→ DIN 1319-1

Das Messobjekt muss nicht zwingend ein körperlich fassbares Objekt sein. Es kann ebenso gut ein Vorgang oder ein Zustand sein.

(119) **Messprinzip**: [engl.: principle of measurement] Die wissenschaft-

Definitionen und Glossar

liche Grundlage eines Messverfahrens.
→ VIM 2.3

(120) Messsignal: [engl.: measurement signal] Größe, die die Messgröße repräsentiert und mit der sie durch eine Funktion verbunden ist.
→ VIM 2.8

(121) Messung: Gesamtheit aller Tätigkeiten zur Ermittlung eines Größenwertes.
Die Tätigkeiten können manuell oder automatisch ablaufen.
→ VIM 2.1

(122) Messunsicherheit: [engl.: uncertainty of measurement] Dem Messwert zugeordneter Parameter, der die Streuung der Werte kennzeichnet, die vernünftigerweise der Messgröße zugeordnet werden kann.
→ VIM 3.9
→ DKD3, Anhang B, B25

(123) Messunsicherheitsanalyse: Zusammenstellung und Beschreibung der einzelnen → Messunsicherheitsbeiträge, welche auf ein → Messergebnis wirken.
Die tabellarische Zusammenstellung der in der Messunsicherheitsanalyse erkannten → Messunsicherheitsbeiträge erfolgt im → Messunsicherheitsbudget.

(124) Messunsicherheitsbeitrag: Numerischer Anteil, den ein Messunsicherheitseinfluss im Rahmen des → Messunsicherheitsbudgets auf ein Messergebnis nimmt.

(125) Messunsicherheitsbudget: Tabellarische Zusammenstellung der auf eine Messgröße wirkenden → Messunsicherheitseinflüsse.

(126) Messunsicherheitseinfluss: Ein Einfluss, welcher mit einer statistischen Wahrscheinlichkeit einen Fehler bei einem Messergebnis verursacht.

(127) Messverfahren: [engl.: measurement procedure] Gesamtheit der genau beschriebenen Tätigkeiten, wie sie bei der Ausführung spezieller Messungen entsprechend einer vorgegebenen → Messmethode angewendet werden.
→ VIM 2.5

Das Messverfahren sollte so detailliert beschrieben sein, dass ein Dritter ohne weitere Information die Messung durchführen kann.

(128) Meterkonvention: [franz.:] → Conference General de Poid et Mesures.

(129) MPE: → Maximum Permissible Error.

◆ N ◆

(130) Nachführungsmessung: Die Nachführungsmessung ist der Sonderfall der → Kompensationsmethode für dynamische Messgrößen. Bei Änderung der Messgröße wird die Vergleichsgröße nachgeführt. Wiederum soll die Differenz zwischen Messgröße und Vergleichsgröße zu Null werden.

(131) Nationales Normal: → Normal, das in einem Land durch einen nationalen Beschluss als Basis zur Festlegung des Wertes aller anderen Normale der betreffenden Größe anerkannt ist.
→ VIM 6.07

Das nationale Normal eines Landes ist oft ein Primärnormal, mit dem die Einheit der jeweiligen Größe mit höchstmöglicher Genauigkeit gemäß den Definitionen des SI-Einheitensystems dargestellt wird. Hat ein Land kein eigenes nationales Normal kann es – per Gesetzeslage – nationale Normale anderer Staaten als nationale Normale akzeptieren.

(132) Normal: [engl.: (measurement standard, etalon] Maßverkörperung, Messgerät, Referenzmaterial oder Messeinrichtung zum Zweck, eine Einheit, einen oder mehrere Größenwerte festzulegen, zu verkörpern, zu bewahren oder zu reproduzieren.
→ VIM 6.1

Bemerkung: Siehe auch: → Bezugsnormale, → Arbeitsnormale, → Transfernormale, → Nationale Normale.

(133) Normalized Error Ratio: [engl.], Formelzeichen E_N, gelegentlich auch *ENR* oder seltener *NER*. Vergleichsgröße zur Bewertung zweier unabhängig erworbener Messgrößen. Die Größe wird insbesondere bei Vergleichsmessungen zwischen verschiedenen Laboren benutzt. Es gilt die Definition:

$$E_N = \frac{M_{Labor} - M_{Re\,ferenz}}{\sqrt{U^2_{Labor} + U^2_{Re\,ferenz}}}$$

...mit M_{Labor} für den Messwert des Labores und $M_{Referenz}$ für die entsprechende Vergleichsgröße. U_{Labor} steht für die erweiterte Messunsicherheit des Labors und $U_{Referenz}$ für die erweiterte Messunsicherheit des Referenzwertes $M_{Referenz}$.

(I): Beide Ergebnisse sind gleichberechtigt.

(II): Messwerte im Bereich von ±0,5 liegen nahe genug beieinander, um sagen zu können, dass ein Labor die Ergebnisse des anderen Labors bestätigt hat. Liegt die Kenngröße im Bereich ±1 müssen die Ergebnisse oder die Angabe der jeweiligen erweiterten Messunsicherheit hinterfragt werden, weil keine statistisch gesicherte Bestätigung des Messwertes vorliegt. Bei Werten jenseits ±1 liegen die Ergebnisse so weit auseinander, dass von einer Bestätigung des Ergebnisses nicht mehr geredet werden kann. Dann gilt die Aussage: „Mindestens einer hat falsch gemessen oder seine Messunsicherheit zu gering abgeschätzt".

(134) Normalverteilung: Die Normalverteilung beschreibt die → Häufigkeitsverteilung des Auftretens eines Messwertes an einem bestimmten Punkt, wenn der Messwert einer empirisch ermittelten Größe mit zufälligen Einflüssen entspricht. Wir benutzen im Bereich der Bestimmung von Messunsicherheiten in der Regel die normierte und zentrierte Normalverteilung, welche durch folgende Formel beschrieben wird:

$$\rho(x) = \frac{1}{\sqrt{2\pi}} e^{-\frac{x^2}{2}}$$

(135) Nullmessung:
→ Kompensationsmethode.

◆ O, P ◆

[136] **Parts per billion**: [engl.], Abk.: ppb. Anteile an einer Milliarde (Teile). Im SI-System nicht zugelassen. Stattdessen sollte der Multiplikator 10^{-9} verwendet werden. Siehe auch → Parts per trillion und → Parts per million.

[137] **Parts per trillion**: [engl.], Abk.: ppt. Anteile an einer „Trillion" (Teile). Im SI-System nicht zugelassen. Stattdessen sollte der Multiplikator 10^{-12} verwendet werden. Siehe auch → Parts per billion und → Parts per million.

[138] **Parts per million**: [engl.], Abk.: ppm. Anteile an einer Million (Teile). Im SI-System nicht zugelassen. Stattdessen sollte der Multiplikator 10^{-6} verwendet werden. Siehe auch → Parts per trillion und → Parts per million.

[139] **ppb**: → Parts per billion.

[140] **ppt**: → Parts per trillion.

[141] **ppm**: → Parts per million.

[142] **PTB**: → Physikalisch-Technische Bundesanstalt.

[143] **Präzision**: → Wiederholpräzision.

[144] **Primärnormal**: [engl.: primary standard] → Normal, das nach allgemeiner Beurteilung die höchsten metrologischen Forderungen erfüllt, mit einem Größenwert, der unabhängig von denen anderer Normale der gleichen Größe akzeptiert ist.

→ VIM 6.4

Von dem Primärnormal werden in der nächsten Stufe die →Sekundärnormale abgeleitet. Primärnormale können – je nach Anwendungsfall – z.B. die →nationalen oder →internationalen Normale sein, wie auch die →Bezugsnormale verschiedener Labore.

[145] **Produktmessung**: Singuläre Messung an einem Einzelstück mit dem Ziel der individuellen Informationsgewinnung über das jeweilige Messobjekt zur Feststellung der Eigenschaften, zur Fehleranalyse oder zur Klassifizierung. Die Messung kann auch regelmäßig als → Wiederholungsmessungen zur Überwachung der Eigenschaften durchgeführt werden.
Gütesicherung, Qualitätskontrolle, Messwesen, Kalibrierungen.

[146] **Promille**: Relativer Anteil von Tausend. Zugelassenes Zeichen: ‰. Stattdessen kann auch der Multiplikator 10^{-3} benutzt werden.

[147] **Prozent**: Relativer Anteil von Hundert. Zugelassenes Zeichen: %. Stattdessen könnte auch der Multiplikator 10^{-2} benutzt werden. Da man aber bestrebt ist, für die Multiplikatoren Zehnerpotenzen in Dreierschritten zu verwenden (10^{-3}, 10^{-6}, 10^{-9},..), hat das Prozent eine Ausnahmestellung.

[148] **Prozessmessung**: Zumeist kontinuierliche Messung während eines Prozesses mit dem strategischen Ziel der Einhaltung der optimalen Betriebsbedingungen, dem Erkennen von Grenzwertüberschreitung und der Gewinnung von Informationen über den Produktionsprozess zur Generierung von Steuerinformationen.
Chemische Industrie, Lebensmittelerzeugung und –verarbeitung, Fertigungsstraßen.

[149] **Prüfung**: Feststellen, ob ein Gegenstand vorgegebene Eigenschaften erfüllt.
Die vorgegebenen Eigenschaften können Firmenspezifikationen, vereinbarte Grenzen oder bekannte – zum Beispiel in Normen geregelte – Bedingungen sein.
Eine Prüfung führt zu einer →Konformitätsaussage.

◆ R ◆

[150] **Reference standard**: → Bezugsnormal.

→ VIM 6.08

[151] **Relative Messabweichung**: [engl.: relative error, nicht: relative deviation] →Messabweichung dividiert durch einen wahren Wert des → Messergebnisses.

→ VIM 3.12

[152] **Reproducibility of results of measurements**: [engl.] → Erweiterte Vergleichspräzision (von Messergebnissen).

→ VIM 3.7

[153] **Result of a measurement**: → Messergebnis.

→ VIM 3.7

[154] **Richtiger Wert**: [engl.: conventional true value (of a quantity)] Durch Vereinbarung anerkannter Wert, der einer betrachteten speziellen Größe zugeordnet wird, und der mit einer dem jeweiligen Zweck angemessenen Unsicherheit behaftet ist.

→ VIM 1.20

Da der richtige Wert häufig durch Vereinbarung festgelegt wird (durch ein Konvention), sind auch die Bezeichnungen Konventionell richtiger Wert, oder Konventioneller Wert - insbesondere in Massebestimmung - verbreitet.

[155] **Root Mean Square**: Ältere Betrachtungsweise der „Fehlerfortpflanzung". Die „Fehlerterme" wurden hierbei geometrisch nach folgender Beziehung addiert.

$$\Delta f = \sqrt{\sum_{i=1}^{n} \Delta x_i^2}$$

...mit Δx_i für die „Fehler der Messwerte" und n für die Anzahl der Messwerte.

Diese Berechnung wird nicht mehr akzeptiert. Die Bezeichnungen sind nicht normgerecht. Berechnungsverfahren – wie auch die Begriffe – sollten vermieden werden.

[156] **Rückführung**: Vorgang, Messergebnisse durch eine ununterbrochene Kette von Kalibrierungen auf nationale Normale zu beziehen.

→ DKD

[157] **Rückverfolgbarkeit**: [engl. Traceability:] Eigenschaft eines Messergebnis oder Wertes eines → Normals, durch eine ununterbrochene Kette von Vergleichsmessungen mit angegebenen → Messunsicherheiten. Auf geeignete Normale - im Allgemeinen → internationale oder → nationale Normale - bezogen zu sein.

→VIM 6.10

DEFINITIONEN UND GLOSSAR

◆ S ◆

(158) Schätzwert: Anstatt → Messwert findet man gelegentlich auch den Begriff Schätzwert, oder bester Schätzwert. Dies soll ausdrücken, dass man die Größe nicht exakt bestimmen kann, sondern mit Hilfe geeigneter Mittel und Verfahren so gut es geht abschätzt. daher ist auch der Begriff „Bester Schätzwert" im gleichen Sinne geläufig.

(159) Sensitivitätskoeffizient: Die Sensitivitätskoeffizienten stellen dar, mit welcher Empfindlichkeit (≡Sensitivität) das Ergebnis einer Messung von einer Einflussgröße abhängig sein wird. Sie ergeben sich aus der Modellgleichung durch partielle Ableitung nach den jeweiligen Einflussgrößen. Der Sensitivitätskoeffizient ist wie folgt zu bestimmen:

$$c_i = \frac{\partial f}{\partial x_i}$$

...mit: c_i als Sensitivitätskoeffizient der Prozessgleichung f, zugeordnet der Einflussgröße x_i.

(160) Sekundärnormal: [engl.: secondary standard]. → Normal, dessen Wert durch Vergleich mit einem → Primärnormal festgelegt wird.

→ VIM 6.5

(161) SI-System: [franz: Système International d'Unites] Internationales Einheitensystem. In allen Ländern der Erde (mit Ausnahme von Birma, Malawi und den USA) per Gesetz als verbindlich erklärt.

(162) Spanne: Abstand zwischen dem größten und kleinsten Wert einer Reihe.

$$\Delta x = x_{max} - x_{min}$$

(163) Stabilität: Bestreben, die messtechnischen Eigenschaften zu bewahren.

(164) (Empirische) Standardabweichung: Aus einer Messreihe ermittelte Standardabweichung. Die Messgröße ist wie folgt definiert:

$$\sigma = \sqrt{\frac{1}{n}\sum_{i=1}^{n}(x_i - \bar{x})^2}$$

...mit σ für die Standardabweichung, x_i für die Messwerte und n für die Anzahl der Messwerte.

(165) Standardabweichung der Stichprobe: → Empirische Standardabweichung.

(166) Statische Kenngröße: Zu den statischen Kenngrößen werden alle Eigenschaften gezählt, welche nicht explizit dynamischen Charakter haben. Hierzu zählen dann auch feststehende, gerätespezifische Eigenschaften, welche eigentlich auf Grund ihrer Natur weder in die eine noch in die andere Gruppe einzuordnen wären. Beispiele hierfür wären: Messbereich, Messspanne, Anzeigegrenze, Auflösung, Belastungsgrenze, etc. Der stabile Zustand ist darüber definiert, dass bei unveränderten Messbedingungen ein Messmittel keine signifikante Änderung mehr zeigt.

→ Kenngröße.

(167) Studentfaktor: Formelzeichen: t. Maß für die Annäherung der (realen) → Studentverteilung an die (ideale) → Normalverteilung. Multiplikator, welcher bei einer kleinen Anzahl Messungen zur Varianz multipliziert werden muss, um die gleiche statistische Sicherheit, wie bei Messungen mit großer Anzahl erzielen zu können.

(168) Studentverteilung: Funktion zur Beschreibung der Wahrscheinlichkeitsverteilung statistisch verteilter Messwerte (insbesondere weniger Messwerte). Die Dichtefunktion der Studentverteilung ist über die Γ-Funktion definiert:

$$\rho(x,\nu) = \frac{1}{\sqrt{\pi\nu}} \cdot \frac{\Gamma\left(\frac{\nu+1}{2}\right)}{\Gamma\left(\frac{\nu}{2}\right)\cdot\left(1+\frac{x^2}{\nu}\right)^{\frac{\nu+1}{2}}}$$

(169) Substitutionsmessung: Im Rahmen der Substitutionsmessung wird die gleiche Messanordnung mindestens zweimal genutzt um ein Messergebnis zu ermitteln. Zum Ersten wird die Messgröße gemessen und diese anschließend durch die Vergleichsgröße ersetzt (substituiert). Durch eine numerische Auswertung der beobachteten Unterschiede wird der Messwert bestimmt.

(170) Systematische Messabweichung: [engl.: systematic error] Mittelwert, der sich aus einer unbegrenzten Anzahl von Messungen derselben Messgröße ergeben würde, die unter Wiederholbedingungen ausgeführt wurden, minus dem wahren Wert der Messgröße.

auch: → Zufällige Messabweichung.

→ VIM 3.14

◆ T ◆

(171) t-Faktor: → Student-Faktor.

(172) Toleranz: Differenz zwischen der oberen und der unteren → Toleranzgrenze.

Der Begriff ist in der Produktion geläufig. Die Toleranz ist immer ein positiver Wert ohne Vorzeichen. Sie kann zweiseitig oder einseitig sein. Letzteres, sofern eine Toleranzgrenze 0 ist.

→ DIN EN ISO 14253:1999

Die Toleranz ist eine Angabe zu einer geometrischen Produktspezifikatioen (Länge, Breite, Höhe, Masse, etc.) und sollte in anderen messtechnischen Anwendungsfeldern eher durch → Spezifikationsgrenze ersetzt werden.

(173) Toleranzgrenze: Untere und obere Merkmalswerte welche den größt- und kleinstzulässigen Grenzwert darstellen, welcher eine Eigenschaft haben darf.

→ DIN EN ISO 14253:1999

(174) Toleranzzone: Bereich zwischen den → Toleranzgrenzen, inklusive den Grenzen.

Begriff aus der Produktion. Der Nennwert muss nicht in der Toleranzzone liegen.

→ DIN EN ISO 14253:1999

9   DEFINITIONEN UND GLOSSAR

[175]**Transfernormal:** [engl.: transfer standard] → Normal, dass als Zwischenträger zum Vergleich von Normalen benutzt wird.

[176]**Toleranz:** Toleranz ist kein Begriff aus der Messtechnik, sondern aus der Soziologie und dort sollte er bleiben. Die korrekten Begriffe wären → Spezifikation und → Spezifikationsgrenze; je nachdem, was man konkret ausdrücken möchte. Manchmal findet man auch den englischsprachigen Begriff →Maximum Permissible Error (MPE).

[177]**Überdeckungsfaktor:** → Erweiterungsfaktor.

[178]**Unberichtigtes Messergebnis:** [engl.: uncorrected result] Messergebnis vor Berichtigung hinsichtlich der systematischen Messabweichung.

→ VIM 3.3

[179]**Unit Under Test:** [engl.] Bezeichnung für Prüfling. Geläufiger ist die Form DUT für →Device Under Test.

[180]**UUT:** [engl.: Unit Under Test] Bezeichnung für Prüfling. Geläufiger ist die Form DUT für → Device Under Test.

[181]**User adjustment:** → Einstellen.

→ VIM 4.31

[182]**Validierung:** ...ist die Bestätigung durch Untersuchung und Bereitstellung eines Nachweises, dass die besonderen Anforderungen für einen speziell beabsichtigten Gebrauch erfüllt werden.

Und im Zusatz (für Verfahren wird in der DIN EN/ISO 17025 erläutert):

Gefordert wird die Validierung bei nicht genormten Verfahren, selbst entwickelten Verfahren, genormten Verfahren, die außerhalb ihres vorgesehenen Anwendungsbereichs verwendet werden und Erweiterungen von genormten Verfahren.

Soll eine Forderung während oder nach dem Gebrauch validiert werden, spricht man von → Verifizierung.

[183]**Varianz:** (einer Stichprobe) Formelzeichen σ. Mittlere Unsicherheit des Mittelwertes einer Messreihe.

$$\sigma^2 = \frac{n\sum_{i=1}^{n} x_i^2 - \left(\sum_{i=1}^{n} x_i\right)^2}{n(n-1)}$$

...mit σ^2 für die Varianz, x_i für die Messwerte und n für die Anzahl der Messwerte. Oder bei Funktionen:

$$\sigma^2 = \int_{-\infty}^{\infty} x^2 \cdot \rho(x) dx - \mu^2$$

...mit σ^2 für die Varianz, x_i für die Messwerte und n für die Anzahl der Messwerte.

[184]**Vergleichsmessung:** → Messprinzip zur Ermittlung einer Messgröße durch direkten Vergleich mit einer Referenzgröße (→ Normal).

[185]**Verhältnismessung:** Mit Hilfe einer bekannten Messanordnung werden eine Messgröße und eine Vergleichsgröße - zumeist nacheinander - gemessen. Die Anzeige des Messmittels kann in beliebigen Einheiten erfolgen, so lange ein bekannter funktionaler Zusammenhang *Anzeige = f(Messgröße)* vorliegt. Aus den Ergebnissen der Messreihe des Normals bestimmt man die Empfindlichkeit des Messmittels. Aus der Messreihe mit der Messgröße kann man über die ermittelte Empfindlichkeit den Messwert des Prüflings bestimmen.

[186]**Verifizieren:** Bestätigung durch Untersuchung und durch Bereitstellung von Nachweisen, dass eine Forderung für einen speziell beabsichtigten Gebrauch erfüllt worden ist.

Man kann seine Arbeit nicht selber Verifizieren (Bestätigen). Dies muss in der Regel von einer dritten, unabhängiger Seite ausgeführt werden.

Soll eine Forderung vor dem beabsichtigten Gebrauch verifiziert werden, spricht man von → Validierung.

→ DIN EN ISO 8402:1995
→ ISO/IEC Guide 25-3.8

[187]**Verteilung:** → Wahrscheinlichkeitsverteilung.

[188]**Vertauschungsmessung:** Von einer Vertauschungsmessung spricht man bei einem direkten Vergleich zwischen Messgröße und Vergleichsgröße auf einer Messanordnung (zum Beispiel: Balkenwaage oder Wheatstone-Brücke). Anschließend werden beide Größen gegeneinander getauscht und die Messung wiederholt.

[189]**Vertrauensbereich:** (auch Konfidenz-Niveau) [engl.: confidence level] Bereich des Vertrauens, innerhalb dessen der wahre Wert einer Messreihe mit 68,3% Wahrscheinlichkeit vermutet wird.

[190]**Wahrer Wert (einer Größe):** [engl.: true value of quantity] Wert, der mit der Definition einer betrachteten speziellen Größe übereinstimmt.

→ VIM 1.19

Der wahre Wert ist der in aller Regel nicht exakt bestimmbare Wert einer Größe. Mit Hilfe geeigneter Mess- und Auswertungsverfahren nähert man sich dem wahren Wert mehr oder weniger gut an. Man schätzt den Wert bestmöglich.

[191]**Wahrscheinlichkeit:** (Auch statistische Wahrscheinlichkeit) Die W. ist ein Maß für die relative Häufigkeit des Auftreten eines Messwertes n_x aus der zufällig verteilten Menge N an einem bestimmten Punkte x.

Dieser Begriff ist genaugenommen kein Maß für das Antreffen eines Messwertes an einem bestimmten Punkt oder in gewissen Intervallgrenzen, sondern nur im oben dargestellten mathematischen Sinne für eine zufällig verteilte Reihe definiert.

[192]**Wahrscheinlichkeitsverteilung:** Statistische Beschreibung der angenommenen – oder postulierten – Dichteverteilung einer Größe. Gängige Verteilungen sind Normalverteilung, Rechteckverteilung, Drei-

eckverteilung und die *U*-Verteilung. Die verschiedenen Verteilungen werden im Messunsicherheitsbudget verschieden gewichtet und mit einem charakteristischen Gewichtungsfaktor *G* versehen.

[193]**Wahrscheinlichster Wert:** Der wahrscheinlichste Wert ist nicht gleichbedeutend mit dem → wahren Wert der physikalischen Größe, welche es zu bestimmen gilt. Auf Grund systematischer und zufälliger Einflüsse wird man im Rahmen einer Messung Ergebnisse erzielen, welche nahe am wahren Wert liegen, sich jedoch um den wahrscheinlichsten Wert konzentrieren werden.

[194]**Wiederholpräzision (von Messergebnissen):** [engl.: reproducibility (of results of measurements) Ausmaß der gegenseitigen Annäherung zwischen Ergebnissen aufeinanderfolgender → Messungen der selben → Messgröße, ausgeführt unter denselben Messbedingungen.

→ VIM 3.6

Nicht zu verwechseln mit der → erweiterten Vergleichspräzision, welche unter veränderten Messbedingungen ermittelt wird. Besondere Sorgfalt ist bei den englischen Bezeichnungen geboten. Für die Erweiterte Vergleichspräzision wird der Begriff „reproducibility" anstatt „repeatability" verwendet.

[195]**Working standard:** → Gebrauchsnormal.

→ VIM 6.09

◆ Z ◆

[196]**Zentralwert:** → Median.

[197]**Zertifizierung:** Verfahren, nach dem eine dritte Seite schriftlich bestätigt, dass ein Produkt, ein Prozess oder eine Dienstleistung mit festgelegten Anforderungen konform ist.

[198]**Zufällige Messabweichung:** [engl.: random error] → Messergebnis minus dem Mittelwert, der sich aus einer unbegrenzten Anzahl von Messungen derselben → Messgröße ergeben würde, die unter → Wiederholbedingungen ausgeführt wurden.

→ VIM 3.13

10 Inhalte, Querverweise und Bezüge

10.1 Index

1s-Abweichung — 113
Abgleich — →Justieren
Ablehnungsbereich — 102
Ablesung — 113
Abweichungsmessung — 113
Adjustment (of a measuring instrument) — 113
Akkreditierung — 113
Akzeptanzbereich — 102
Allan
    David W. — 92
Allan Deviation — → Allan Varianz
Allan Varianz — 92
Änderung
    Messunsicherheitsbudget — 93
Anzeige — 114
APLAC — 114
Arbeitsnormal — → Gebrauchsnormal
Arithmetischer Mittelwert — →Mittelwert, A...
Aufgabenstellung — 17
Auftraggeber
    im Kalibrierschein — 81
Auftragsnummer
    im Kalibrierschein — 81
Auftrieb — 91
Ausgangsgröße — 16, 114
Ausreißer — 114
Ausschlagsmessung — 114
Auswahl
    Verfahren — 16
Beispielanalyse
    BMI — 55
    Common-View-Strommessung — 64
    Drehmomentmesssystem (I) — 68
    Drehmomentmesssystem (II) — 72
    Längenmessung (Zollstock) — 78
    R-Reihenschaltung — 60
Beobachtung — 114
Bereich — 104
Bereiche
    Messunsicherheit — 104
Bereichsgrenzen — 105
Bereichskalibrierung — 99
Bereichskalibrierungen — 98
Berichtigtes Messergebnis — 114
Bezogene Messabweichung — 114
Bezugsnormal
    Definition — 114
Bit — 114
BMI — → Body Mass Index
Body Mass Index — 55
Budget — →Messunsicherheitsbudget
    Numerisches... — 52
    Tabellarisches... — 16, 52
Budgetgleichung
    Beispiel
        Body Mass Index — 57
        Drehmomentmesssystem (I) — 70
        Drehmomentmesssystem (II) — 76
        R-Reihenschaltung — 62
        Common-View-Strommessung — 66
Calibration — 114
Conference General de Poid et Mesures — 119
Corrected result — 114
Correction — 114
Correction factor — 114
DAP — 114
DAR — 114
DATech — 114
Datum
    im Kalibrierschein — 81
Definition
    Bezugsnormal — 114
    Gebrauchsnormal — 116
    Kleinste angebbare Messunsicherheit — 117
    Nationales Normal — 119
    Normal
        Bezugs- — 114
        Gebrauchs- — 116
        Nationales — 119
Deutscher Akkreditierungsrat — 114
Deutscher Kalibrierdienst — 114
Deviation — 114
Device Under Test — 114
Dichtefunktion — 114
    Dreieckverteilung — 27
    Normalverteilung — 32
    Rechteckverteilung — 26
    Trapezverteilung — 28
    U-Verteilung — 30
Differenzmessung — 114
Dimension
    algebraisch — 114
    physikalisch — 114
DIN EN 13005 — 11
DIN EN 45020 (1998) — 123
DIN EN ISO 8402 — 122
DIN ISO EN 9001 — 11
DIN1319-1 — 118
Direkte Messung — 114
Distribution — → Varianz
DKD 3
    Anhang B, B2 — 117
    Anhang B, B25 — 119
Dreieckverteilung — 27

INHALTE

Dichtefunktion --- 27
Erwartungswert --- 27
Gewichtungsfaktor --- 28
Häufungspunkt --- 27
Drift --- 115
DUT --- → Device Under Test
Eichen --- 115
Eichpflicht --- 115
Einflussgröße --- 16, 21, 115
   Statistische... --- 14
   Systematische... --- 13
Einflussgrößen
   Beispiel
      Body Mass Index --- 56
      Common-View-Strommessung --- 65
      Drehmomentmesssystem (I) --- 68
      Drehmomentmesssystem (II) --- 73
      Längenmessung (Zollstock) --- 78
      R-Reihenschaltung --- 60
   Korrelierte... --- 46
Einführung --- 7
Eingangsgröße --- 115
Einheit --- 115
Einstellen --- 115
Einzelmessung --- 105
Elektromagnetische Schirmung
   im Kalibrierschein --- 81
Empirische Standardabweichung --- 115
E_N --- → Normalized Error Ratio
ENR --- → Normalized Error Ratio
Entropie --- 115
Ergebnis --- 17
Ergebnis der Messung --- 17
Ermittlungsmethode A --- 115
Ermittlungsmethode B --- 115
Erwartungswert --- 115
   Dreieckverteilung --- 27
   Normalverteilung --- 33
   Rechteckverteilung --- 26
   Studentverteilung --- 35
   Trapezverteilung --- 29
   U-Verteilung --- 31
Erweiterte Vergleichspräzision --- 115
Erweiterungsfaktor --- 115
Evaluation --- → Evaluierung
Evaluierung --- 116
   Selbst- --- 116
Experimental standard deviation --- 116
Fabrikationsnummer --- → Serialnummer
Faltung --- 27, 116
Fehler --- 116
   Mittlerer... --- 21
Fehlerfortpflanzung --- 38, 116
   RMS --- 20
Fehlerfortplanzung
   Gauß --- 20
Fehlerfunktion --- 38
Fehlergrenzen --- 99
Formelzeichen --- 15
   μ --- 113
   σ^2 --- 113
   1s --- 113

a --- 113
A --- 113
c --- 113
E --- 113
E_N --- 113
G --- 113
k --- 113
M --- 113
M_R --- 113
n --- 113
NER --- 113
s --- 113
S_S --- 113
u --- 113
U --- 113
w --- 113
W --- 113
Freiheitsgrad --- 48, 116
   Beispiel
      Body Mass Index --- 59
      Darstellung im Budget --- 53
      Geringer... --- 50
Funktionsdiagramm
   Analyse --- 93
   Beispiel
      Common-View-Strommessung --- 66
      Drehmomentmesssystem (I) --- 69
Gebrauchsnormal
   Definition --- 116
Geometrisches Mittel --- 116
Gewichtungsfaktor --- 24, 116
   Darstellung im Budget --- 53
   Dreieckverteilung --- 28
   Normalverteilung --- 33
   Rechteckverteilung --- 25, 26
   Trapezverteilung --- 29
   U-Verteilung --- 31
Glockenkurve --- 116
Glossar --- 113
Gravität --- 90
   im Kalibrierschein --- 81
   Lokale --- 91
Grenzen --- 98
Größenwert --- 116
Guide To the Expression of Uncertainty In
Measurements --- 116
GUM --- 10, 116
Häufigkeitsverteilung --- 116
Häufungspunkt
   Dreieckverteilung --- 27
Hersteller
   im Kalibrierschein --- 81
Historie --- 92
Identifikationsmerkmale
   im Kalibrierschein --- 81
Identifizierung
   Prüfling
      im Kalibrierschein --- 81
Indication (of a measuring device) --- 117
Indirekte Messung --- 117
Inhalt --- 4
Internationales Normal --- 117
Interpretation

Messergebnis 85	Messergebnis
ISO/IEC Guide 25-3.8 122	interpretieren 85
Justieren 117	Vergleichbarkeit 108
Kalibriereinrichtung	Vollständiges... 82
im Kalibrierschein 81	Messergebnisse
Kalibrieren 117	Vergleichen 107
Kalibrierschein 117	Messergebnisswertaufnahme 17
Anforderungen 81	Messfeld 105, 118
Kenngröße 117	Messgenauigkeit 118
Kennnummer .... → Serialnummer	Messgröße 118
Kenntnisse einbringen 92	Definition 17
Kleinste angebbare Messunsicherheit	Messmethode 118
Definition 117	Messmittel
Kohärenz 117	Tausch 89
Kombinierte Messunsicherheit 108	Messmöglichkeiten
Kompensationsmessung 117	Darstellung 87
Kompensationsmethode 117	Messobjekt 118
Konfidenz 117	Messprinzip 118
Konformität 98, 99, 104, 117	Messreihe
Kontravarianz 41	Determinieren 48
Konventional richtiger Wert 117	Messsignal 119
Kornformitätsaussage 98	Messung 119
Korrektion 117	Abweichungs- 113
Korrektionsfaktor 117	Auftragsnummer
Korrelation 21, 41, 118	im Kalibrierschein 81
Abschätzen 47	Ausschlags- 114
Beispiel	Datum
Body Mass Index 59	im Kalibrierschein 81
Drehmomentmesssystem (II) 76	Differenz- 114
KORRELATIONSKOEFFIZIENT 41	Direkte... 114
Kovarianz 40, 41, 45, 118	Durchführender
Kraftkompensation 91	im Kalibrierschein 81
Kunde .... → Auftraggeber	Indirekte... 117
Kurzzeitstabilität 92	Kompensations- 117
Laborleiter	Kunde
im Kalibrierschein 81	im Kalibrierschein 81
Längenvergleich	Nachführungs- 119
Beispiel	Null- .... → Kompensationsmethode
Prozessgleichung 18	Ort
Leistungsmessung	im Kalibrierschein 81
Beispiel 89	Produkt- 120
Luftauftriebskorrektur 91	Prozess- 120
Beispiel 90	Rahmenbedingungen
Luftdruck	im Kalibrierschein 81
im Kalibrierschein 81	Substitutions- 121
Luftfeuchte	Umgebungsbedingungen
im Kalibrierschein 81	im Kalibrierschein 81
Massekomparator 91	Verantwortlicher
Maßverkörperung 118	im Kalibrierschein 81
Maximale Messabweichung→ Maximum Permissible Error	Vergleichs- 122
Maximum Permissible Error 20, 85, 118	Verhältnis- 122
Median 118	Vertauschungs- 122
Mesabweichung	Messunsicherheit 119
Maximale... 20	Erweiterte...
Messabweichung 13, 99, 118	Darstellung im Budget 53
Bezogene 114	Für Bereiche 104
Maximale... .... → Maximum Permissible Error	Kleinste angebbare... 117
Messanordnung 118	Vergleichen 107
Messbedingungen 118	Messunsicherheitsanalyse 15, 17, 119
Messbereich	Unterteilung 17
Konformität 99	Vorgehen 17
Messebene	Messunsicherheitsbeitrag 119
Definition 118	Darstellung im Budget 52

Messunsicherheitsbudget ---------- 17, 119
    Änderung ----------------------------------- 93
    Beispiel
        Body Mass Index ------------------ 58
        Drehmomentmesssystem (I) ----- 71
        Drehmomentmesssystem (II) ---- 77
        Längenmessung (Zollstock) ------ 79
        R-Reihenschaltung ------------------ 62
    Common-View-Strommessung -------- 67
    Verbesserung ------------------------------ 89
    Verfeinerung ------------------------------- 89
Messunsicherheitseinfluss ---------------- 119
Messunsicherheitseinflüsse --------------- 13
Messverfahren ------------------------------- 119
    Änderung ----------------------------------- 90
    Variation ------------------------------------ 89
Messwert -------------------------------------- 11
Meterkonvention ---------------------------- 119
Mittel
    Geometrisches… ------------------------- 116
Modell
    Ideale Messung -------------------------- 18
Modellgleichung ----------------------- 17, 19
    Bedingungen an eine… ------------------ 19
    Beispiel
        Body Mass Index ------------------ 56
        Common-View-Strommessung --- 66
        Drehmomentmesssystem (I) ----- 70
        Drehmomentmesssystem (II) ---- 74
        Längenmessung (Zollstock) ------ 79
        R-Reihenschaltung ------------------ 61
    Module -------------------------------------- 54
    Weiterentwicklung ------------------------ 92
MPE ------------------- → Maximum Permissible Error
Nachführungsmessung ---------------------- 119
NER ----------------------- → Normalized Error Ratio
Normal -- 119
Normale
    Tausch --------------------------------------- 89
Normalized Error Ratio ----------------- 108, 119
Normalverteilung ----------------------- 32, 119
    Dichtefunktion ------------------------------ 32
    Erwartungswert ---------------------------- 33
    Gewichtungsfaktor ----------------------- 33
    Standardabweichung --------------------- 33
    Varianz -------------------------------------- 33
    Voraussetzungen -------------------------- 32
Notation -- 15
Nullmessung ------------------ → Kompensationsmethode
Optimierungspotentiale --------------------- 89
Ort
    im Kalibrierschein ------------------------ 81
Oszillator
    Beispiel -------------------------------------- 92
Partnummer --------------------- → Teilekennzeichen
Parts per billion ------------------------------- 120
Parts per million ------------------------------ 120
Parts per trillion ------------------------------- 120
ppb -------------------------------- → Parts per billion
ppm ------------------------------- → Parts per million
ppt -------------------------------- → Parts per trillion
Präzision ---------------------------- → Wiederholpräzision

Primärnormal -------------------------------- 120
Produktmessung ---------------------------- 120
Projektlabor ----------------------------- 107, 110
Promille -------------------------------------- 120
Prozent -------------------------------------- 120
Prozessgleichung ----------------------- 17, 18
    Beispiel
        Body Mass Index ------------------ 55
        Common-View-Strommessung --- 64
        Drehmomentmesssystem (I) ----- 68
        Längenmessung (Zollstock) ------ 78
        R-Reihenschaltung ------------------ 60
    Entwicklung -------------------------------- 89
Prozessmessung ---------------------------- 120
Prüfling
    Identifizierung
        im Kalibrierschein ----------------- 81
Prüfung -------------------------------------- 120
PTB ------------- → Physikalisch-Technische Bundesanstalt
Rahmenbedingungen
    im Kalibrierschein ------------------------ 81
Rechteckverteilung ------------------------- 25
    Dichtefunktion ------------------------------ 26
    Erwartungswert ---------------------------- 26
    Gewichtungsfaktor -------------------- 25, 26
    Varianz -------------------------------------- 26
Redundanz ------------------------------------ 90
Reference standard ------------------------ 120
Referenzergebnis --------------------------- 107
Reisenormal ----------------------------- 109, 110
Reproducibility (of results of measurements) ---- 120
Result of a measurement --------------------- 120
Richtiger Wert ----------------------------- 11, 120
Ringvergleich -------------------------------- 109
RMS -- 11, 21
Root Mean Square -------------------- 21, 120
Root-Mean-Square -------------------------- 20
R-Reihenschaltung
    Beispielanalyse ---------------------------- 60
Rückführung --------------------------------- 120
Rückverfolgbarkeit -------------------------- 120
Runden --------------------------------------- 53
Schätzgröße
    Darstellung im Budget ------------------- 52
Schätzwert ----------------------------------- 121
Sekundärnormal ---------------------------- 121
Selbstevaluierung -------------------------- 116
Sensitivitätskoeffizient --------------- 38, 121
    Beispiel
        Längenmessung (Zollstock) ------ 79
        Darstellung im Budget ------------ 53
Sensitivitätskoeffizienten
    Beispiel
        Body Mass Index ------------------ 56
        Common-View-Strommessung --- 66
        Drehmomentmesssystem (I) ----- 70
        Drehmomentmesssystem (II) ---- 75
        R-Reihenschaltung ------------------ 61
Serialnummer
    im Kalibrierschein ------------------------ 81
SI-System ----------------------------------- 121
Spanne -------------------------------------- 121
Spezifikation

Einhaltung	→Konformität
Spezifikationen	98
Festlegen	84
Spezifikationsgrenze	20
Stabilität	121
Standardabweichung	121
...der Stichprobe	121
Normalverteilung	33
Standardmessunsicherheit	23
Darstellung im Budget	53
Statische Kenngröße	115, 121
Studentfaktor	33
Studentfaktor	49
Studentfaktor	121
Studentverteilung	33, 48, 121
Erwartungswert	35
Substitutionsmessung	121
Substitutionswägung	91
Symbole	
Δ	113
δ	113
Systematische Messabweichung	121
Teilbudget	17, 28, 54
Teilekennzeichen	
im Kalibrierschein	81
Teilgleichung	54
Temperatur	
im Kalibrierschein	81
t-Faktor	33, → Studentfaktor
Toleranz	121, 122
Toleranzgrenze	121
Toleranzzone	121
Transfernormal	122
Transzendente Funktion	
U-Verteilung	30
Trapezverteilung	28
Dichtefunktion	28
Erwartungswert	29
Gewichtungsfaktor	29
Varianz	29
Trgonometrische Funktion	
U-Verteilung	30
Typical	
Spezifikation	86
Überdeckungsfaktor	19, 22, 122
Auswahl	83
Umgebungsbedingungen	
im Kalibrierschein	81
Unberichtigtes Messergebnis	122
Unit Under Test	122
User adjustment	122
UUT	122
U-Verteilung	30
Dichtefunktion	30
Erwartungswert	31
Gewichtungsfaktor	31
Varianz	30, 31
Validierung	122
Varianz	24, 122
Korrelierte...	41
Normalverteilung	33
Rechteckverteilung	26
Trapezverteilung	29

U-Verteilung	30, 31
Verfahren	
Auswahl	16
Vergleich	
Direkte	109
Messergebnisse	108
Vergleichsmessung	122
Verhältnismessung	122
Verifizieren	122
Vertauschungsmessung	122
Vertauschungswägung	91
Verteilung	→ Wahrscheinlichkeitsverteilung
Darstellung im Budget	53
Dreieck-	27
Rechteck-	Rechteckverteilung
Student-	33
Vertrauensbereich	122
Vertrauensniveau	20, 22
VIM	
1.19	122
1.20	120
1.7	115
2.3	118
2.3.2	115
2.3.3	115
2.4	118
2.5	119
2.6	117
2.6	114
2.6	118
2.8	119
3.1	118, 120
3.10	114, 118
3.12	120
3.13	123
3.14	121
3.15	114, 117
3.16	114, 117
3.3	122
3.4	114
3.5	118
3.6	123
3.7	115, 120
3.8	115, 116
4.1.2	115
4.30	113, 117
4.31	115, 122
6.07	119
6.08	114, 120
6.09	116, 123
6.1	119
6.10	120
6.13	114, 117
6.2	117
6.2	117
6.4	120
6.5	121
Vollständiges Ergebnis	
Beispiel	
Body Mass Index	59
Drehmomentmesssystem (I)	72
Drehmomentmesssystem (II)	77
Längenmessung (Zollstock)	80

R-Reihenschaltung 63	Welch-Sattertwaithe 49, 59, 63, 80
Common-View-Strommessung 67	Werknummer → Serialnummer
Vorwort 7	Wiederholbedingungen 109
Wägung 91	Wiederholpräzision 123
Wahrer Wert 11	WIG 85
Wahrer Wert (einer Größe) 122	Working standard 123
Wahrscheinlichkeit 122	Worst Case Methode 11
Normalverteilung 33	Zentralwert → Median
Wahrscheinlichkeitsverteilung 24, 122	Zertifizierung 123
Wahrscheinlichkeitverteilung Dichtefunktion 33	Zufällige Messabweichung 123
Wahrscheinlichster Wert 123	Zusätzliche Kenntnisse 92
WECC Doc. 17-1988,Abs 5.1 117	

Der Autor:

Bernd Pesch, geboren 1963, studierte Physik an der Rheinischen Friedrich-Wilhelm Universität in Bonn und Elektrotechnik an der Fernuniversität Hagen. Anschließend begann er seine Tätigkeit in einem großen deutschen Kalibrierlabor. Im Rahmen seines Aufgabenspektrums arbeitete er primär auf den Feldern der Niederdruck- und Niederfrequenzmesstechnik und später der Hochfrequenznormale. Unter anderem war er mit theoretischen Grundlagen der Messtechnik und der die Bestimmung von Messunsicherheiten betraut.

Nach dem Aufbau eines Kalibrierlabors in New Mexico, USA, in den Jahren 1996 bis –99 und 2003 bis -06 entwickelte er – wieder zurück in Deutschland – Messverfahren im Bereich der Streuparameter- und Rauschleistungsmesstechnik. Er erstellte im Rahmen von DKD-Akkreditierungen diverse Messverfahren und Messunsicherheitsbudgets.

www.ingramcontent.com/pod-product-compliance
Lightning Source LLC
Chambersburg PA
CBHW082335220526
45470CB00008B/2515